知りたい!サイエンス

へんな細菌 すごい細菌

人を助ける

ココまで進んだ細菌利用

中西貴之＝著

天空高く飛びまわり、
地中深くに
ひっそり潜伏。
モノづくりが
やたら上手で、
薬を作り、**磁石**を作り、
プラスチックまで
作り出す。
めちゃくちゃピンチに
陥ったときは、
遺伝子チェンジで
パワーアップ。
我等がヒーロー・
細菌にかかれば、
大抵のコトは即解決!!
そんなスゴイ**細菌**の
利用法を、
敬意を持って
学んでみよう。

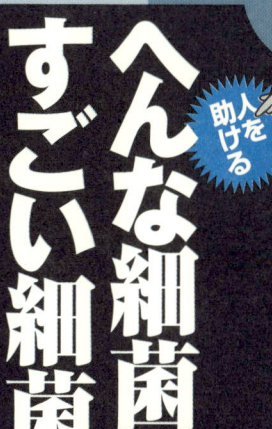

技術評論社

はじめに

「暑っ……」

白衣の襟元に不快にまとわりつく汗。首にはさんざんに汗を吸わされて薄汚れたタオル。額の汗をぬぐって窓の外を見ると、人気のないキャンパスに照りつける真夏の太陽。農学部の３階から見下ろせるキャンパスには、図書館を利用する学生たちの数台の自転車。真下に影を落とした街路樹はまるで舞台装置のようにぴくりとも葉を揺らさない。２カ月の長い夏休み、大学生のほとんどはこの街を離れる。ここ山口盆地は、京都と並んで夏の暑さが不快で厳しい所だ。

その夏、私は自分の身長よりも大きなガスのボイラーと格闘していた。操作性のかけらも考えられていないようなスイッチを、床に寝そべるほどにしながら操作すると、ボイラーは若干の違和感を感じる音を立てつつ点火し、あっという間に実験室は熱気に包まれた。

ボイラーの先につながっているのは30リッターの培養装置。細菌にわずかに含まれる酵素を研究するために、こんな巨大培養装置で細菌を増殖させる。ただ、私たちの身近なあらゆる場所に様々な細菌がいるので、自分が望む菌だけを育てるのは難しい。だから、培養の前に培養装置に混入している細菌を予め殺しておく必要がある。

培養装置には複雑な配管が施されていて、この配管の分岐点ごとにあるバルブを開閉することで、ボイラーからスチームを通して細菌を蒸し殺す。邪魔な細菌が蒸し殺されるのが先か、ボイラーの熱気で私が蒸されるのが先か。細菌の研究はまさに細菌との戦いだ。

最後の、そして最も難しいステップ。蒸気を凝集させた水をガラスのシリンダーに集める。この水は外気と培養装置の可動部分を隔てつつ、可動部分を滑らかに動かすための貴重なもの。上手にバルブを操作すると、みるみるうちに世界一清浄な水がシリンダーに注ぎ込まれる。シリンダーの半分以上、蒸気が凝集すれば成功だ。

それにしてもこの実験室は暑すぎる……、自分が煮えそうだ……。

「オーイ、細菌、俺を助けてくれ～」。

2007年夏　山口県にて

中西貴之

Chapter 4 人智を超えた細菌パワー

Chapter 5 細菌の持つ無限性

●本文横にある数字は、引用文献を表す。この数字は、脚注にある文献にふられた数字とリンクしているので、文献を探すときの参考にしてほしい。

第1章

環境と細菌の関わり

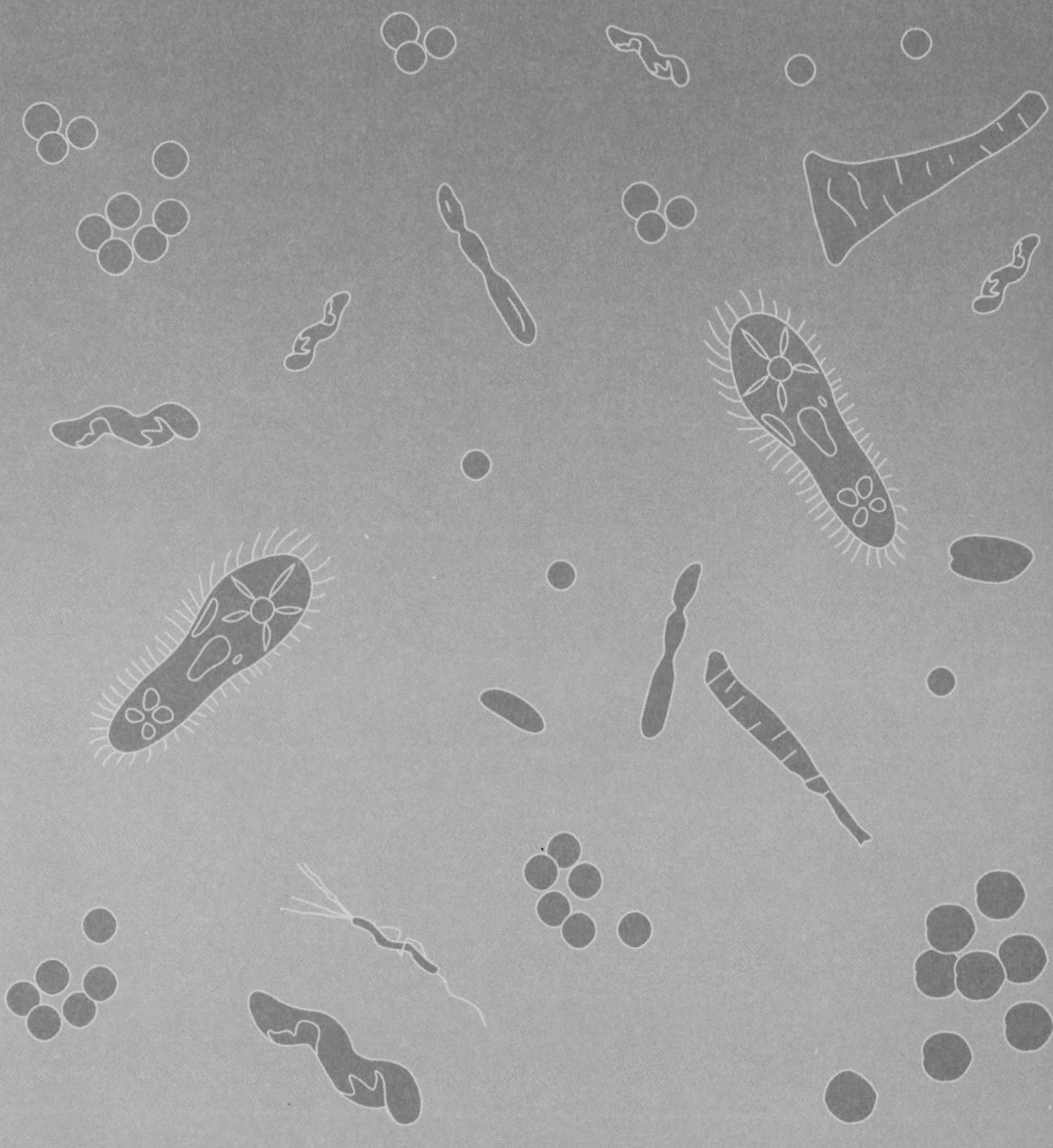

1-1 細菌ってなんだろう?

料理が上手で、特に漬け物なんかを上手に作れて、食材があまっていると保存食を作っておいたりもする。汚れたものを片付けるのも得意で殺虫剤や石油を間違ってこぼしてしまっても文句もいわずに掃除をする。植物を育てるのも大好きで枯草の後始末も気にせずがんばる。病気にならないように健康管理にも気を遣ってくれるし、生活に役立つ身のまわりのものも作れて、趣味はよい音楽と染物。時には悪さをすることもあるけれど、小さくてかわいくて、運動はけっこう得意で足は意外と速い。

なんだか理想のお嫁さん像を書いたようですが、実はこれ、細菌の特徴を書いたものなんです。こんな素敵な特徴を持つ細菌とは、一体どんなものなのでしょう。

細菌は2グループの総称

生物は大きく「動物」「植物」「微生物」の3種類に分けられます。この分類とは別に細胞の構造の違いによって学者は生物を「真核生物」と「原核生物」の二つに分類しています。動物と植物は全て真核生物ですが、微生物にはミジンコなどの「原生動物」、海藻などの「藻類」、キノコやカビの「菌類」のように真核生物に分類されるものと、私たちがひとまとめに「バクテリア」と呼ぶことの多い乳酸菌や大腸菌など、学術的に「古細菌」「真正細菌」に分類される原核生物が含まれます(図1)。このような生物の分類の中で、最も種類が豊富で、最も変化に富んで、最も不思議で、最も面白い生き物が、「古細菌」と「真正細菌」をひとまとめにした「細菌」です。

　地球が誕生したのは46億年前。生物がいつ誕生したのかはまだはっきりわかっていませんが、30億年くらい前に、海の中で細菌のご先祖様が地球最初の生物として誕生したのではないかと思われています。その後、長い年月をかけた進化の過程で、仲間の細菌のいくつかがお互いに結合して助け合い、人間へと続く多細胞生物へ

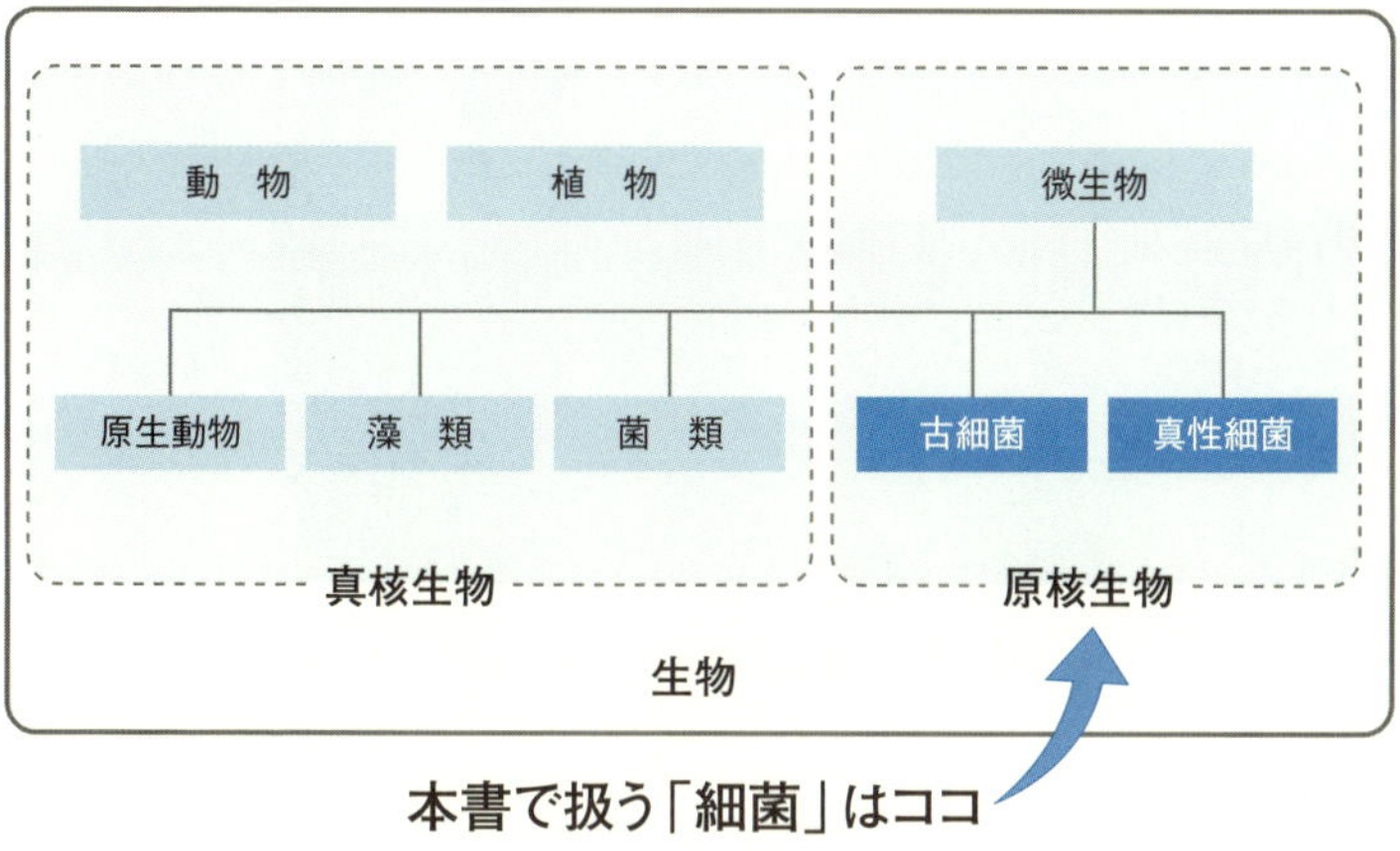

図1
生物の分類
実際にはこのように単純ではない。、藻類の中にも原核生物と真核生物が含まれるなど、研究の進展に伴い生物分類は複雑化し、ここまで簡単な図で表現することは不可能になっている。

の進化を始めました。それを尻目に、細菌はたった一つの細胞で生きていくことを選択しました。ある細菌は海の中で自由気ままに暮らすことを選び、ある細菌は植物とパートナーシップを結び、あるものは大地の奥深くで誰にも邪魔されずに細く長く生きる道を実践し、さらにあるものは自然界で長年のサバイバルを生き抜いた後に、人間の体内という安住の地にたどり着きました。単細胞ゆえに許される生活設計の自由さに助けられた細菌は、地球上で、個体数の上で最も繁栄する生物になったのです。

細菌のからだ

細菌の大きさは、細胞を数百個縦に並べてやっと1ミリメートルになる程度です。私たち人間と同じように、DNAに遺伝情報、つまり体の設計図を持っていて、多くは細胞分裂、あるものは酵母のように出芽によって増殖します。写真2は、今まさに3個に分裂しそうになっている細菌の電子顕微鏡写真です。

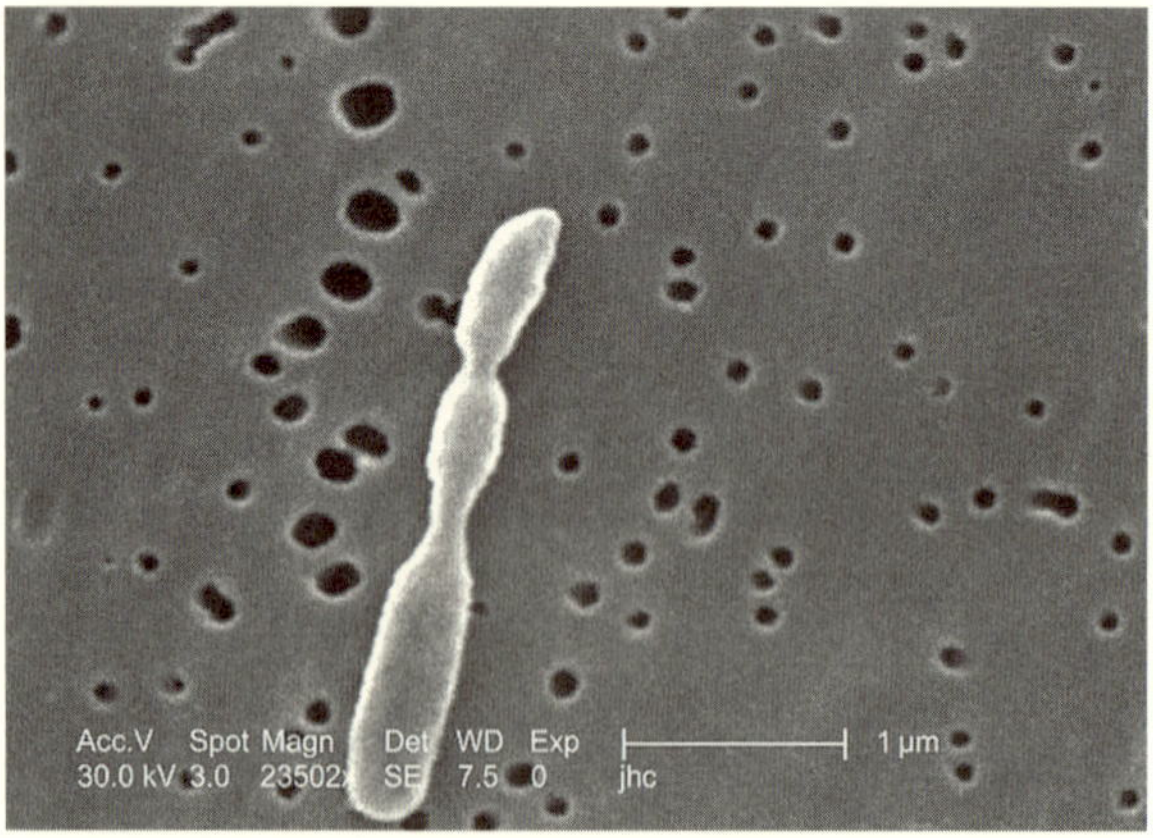

写真 2
3 個に分裂しつつある細菌
（提供＝CDC/Judith Noble-Wang, Ph.D.）

細菌は種類ごとに細胞の形が決まっていて、それに対応した呼び名がついています。ボールのように丸いのは「球菌」（写真3）、リレー競技のバトンのような形の「桿菌」（写真4）、ぐにゃぐにゃ曲がった「らせん菌」（写真5）などです。しかし、単純にこれ

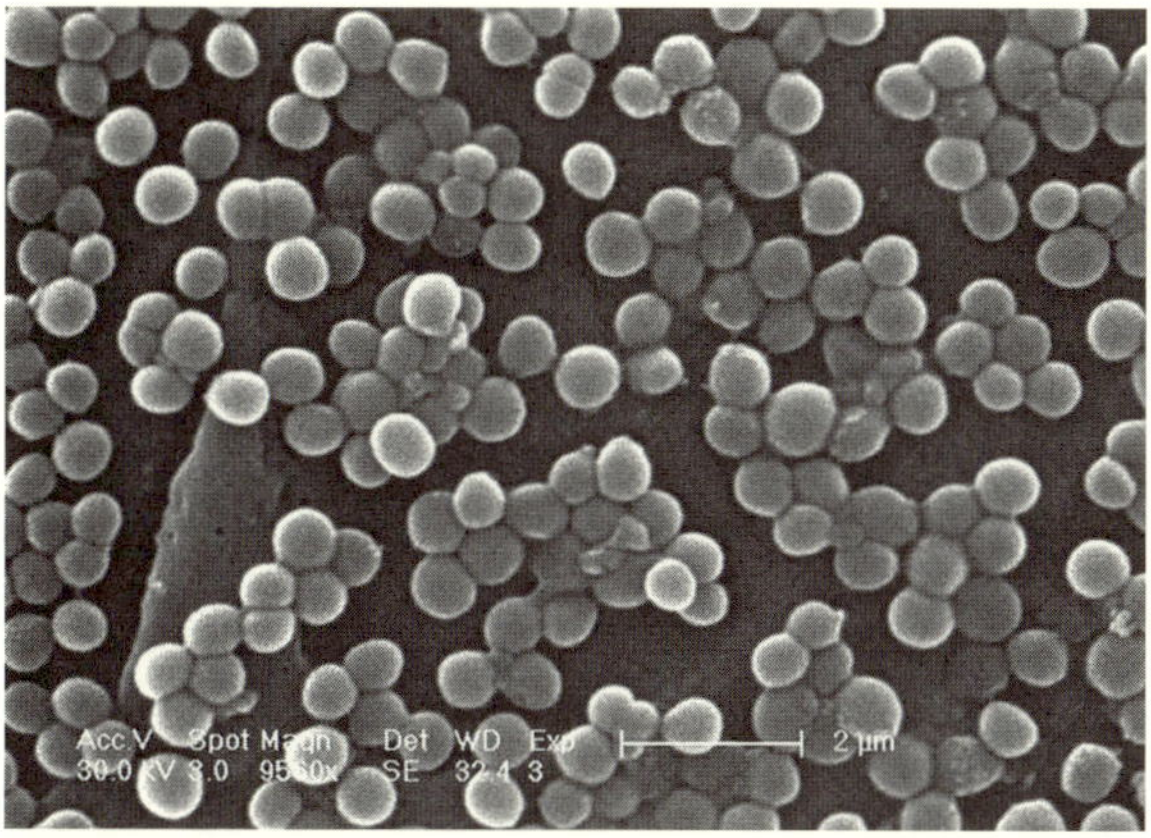

写真3
丸い細胞の球菌
（提供＝CDC/Janice Carr）

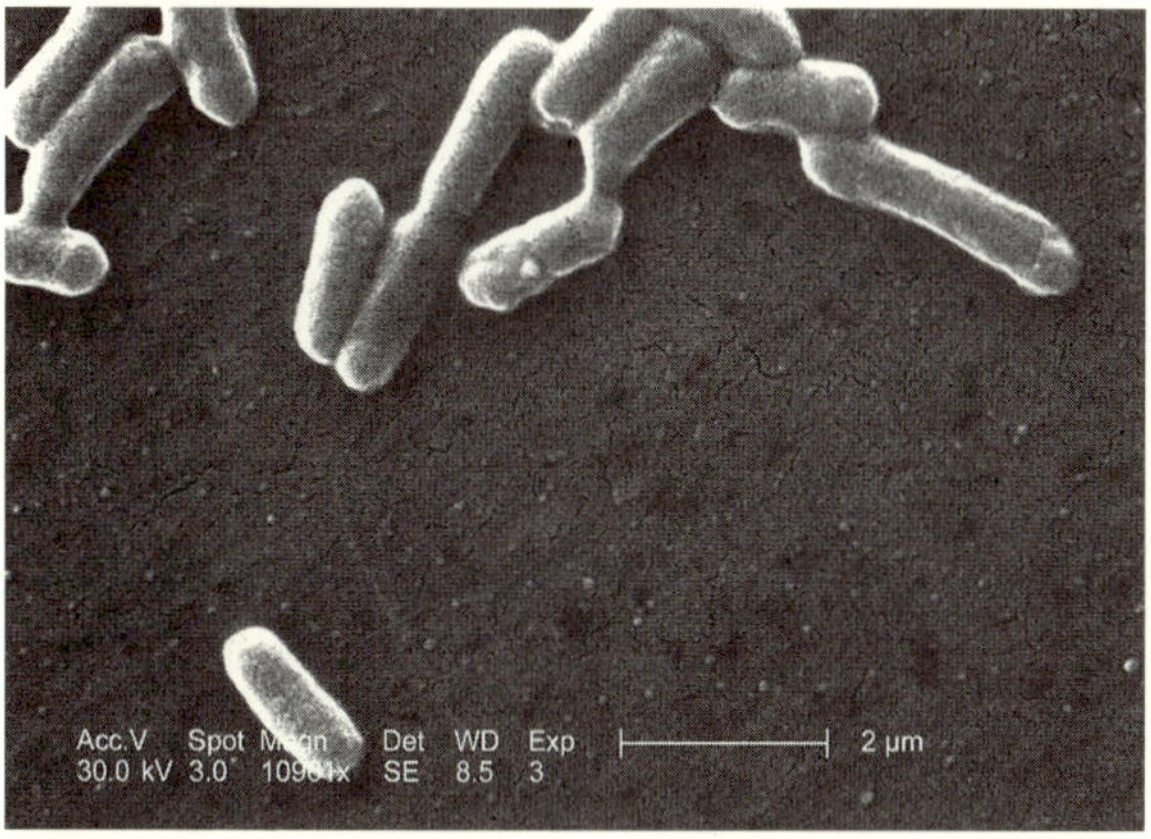

写真4
細長い桿菌
（提供＝CDC/Janice Carr）

らの分類に含めることができないような細菌（写真6）もたくさんいて、とても個性的です。これらの細菌は、ある時は細胞1個で孤独に、ある時は複数が1列に繋がったり、ある時は丸く集まったりした状態で生息しています。

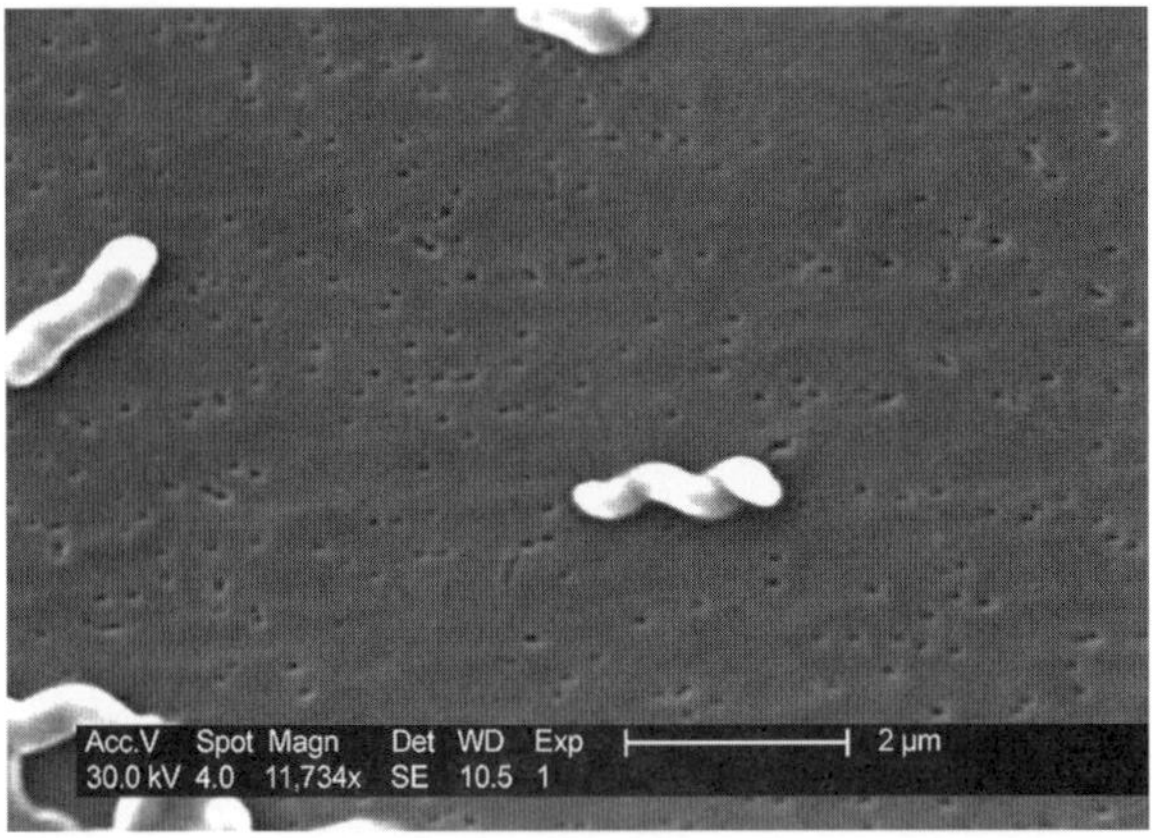

写真5
らせん菌
（提供＝CDC/Janice Carr）

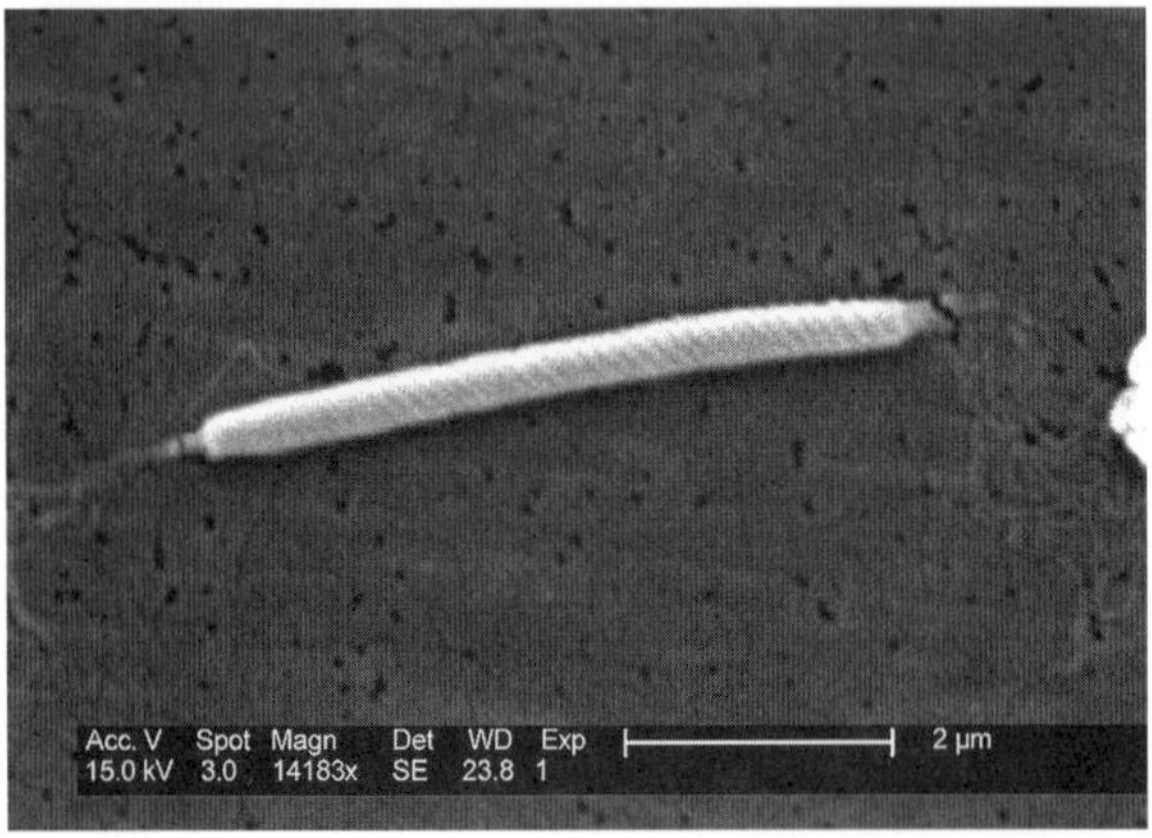

写真6
とても細長くてしかもらせん状になっている長桿菌
（提供＝CDC/Janice Carr）

細菌の多くは空気や水の流れに乗って移動しますが、中にはべん毛と呼ばれるスクリューのような構造を持ち、エサに向かって泳いだり、有害物質から逃れたりするものもいます。写真7は桿菌ですが、細胞のあちこちから出ている非常に細い糸のようなものが、べん毛です。べん毛は、オバQの髪の毛のようにも見えますが、髪の毛と違うところは、その根っこにモーターがついて回転することです。よって、オバQの髪の毛と言うよりは、むしろタケコプターに近い感じです。詳細は4—6で紹介しますが、このモーターはタンパク質でできていて、その構造が明らかになったのは比較的最近のことです。電子顕微鏡写真や遺伝子解析を元にその構造が明らかになると、その非常に複雑かつ合理的な構造に、研究者たちは驚きました。その小ささと高性能な点が着目されたべん毛は、血管の中でも使えるような動力として、医療やナノテクノロジーへの応用が期待されています。

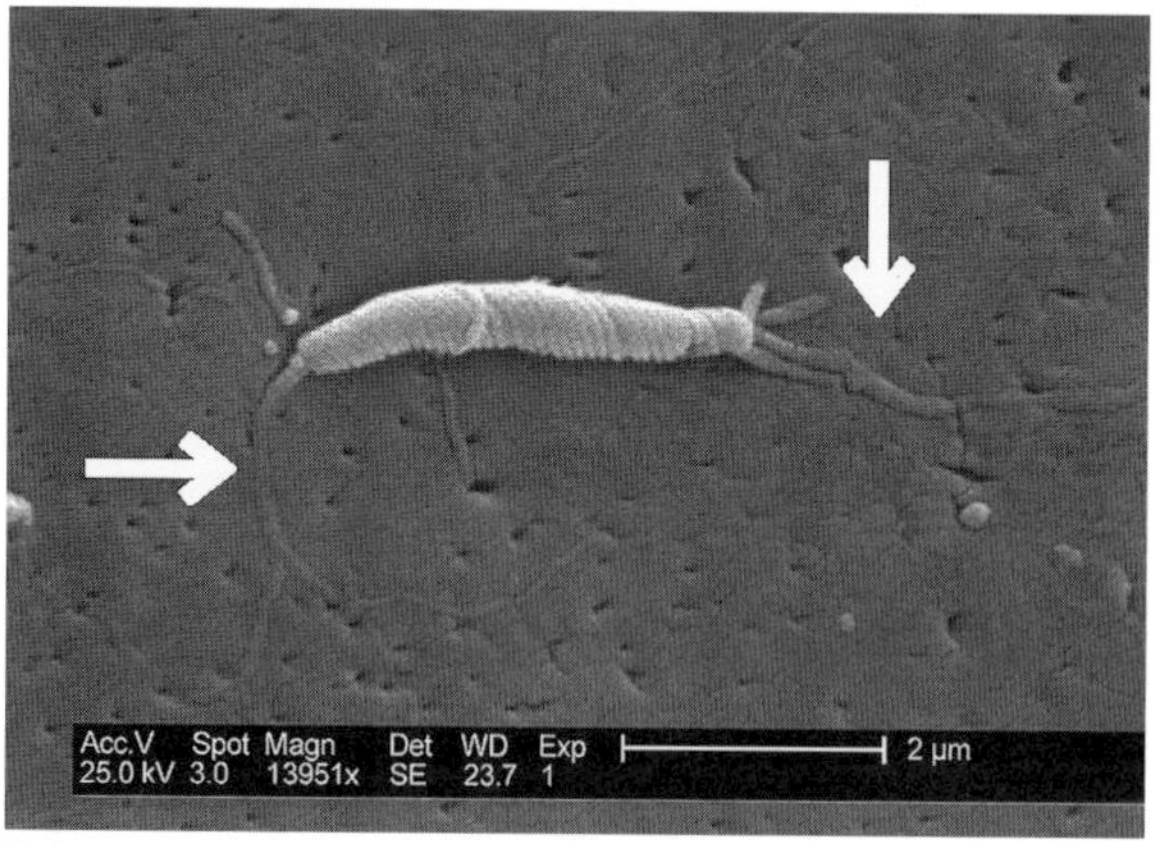

写真7
べん毛を持つ細菌

矢印で示してあるところがべん毛。

（提供＝CDC/Dr. Patricia Fields & Dr. Collette Fitzgerald）

1-2 細菌が支える美しい地球と生態系のバランス

地球は46億年前に誕生し、最も原始的な生命が誕生したのは約40億年前だといわれています。それ以降、地球上には様々な生物が誕生し、死んでいきました。それらの死体は分解され、次世代の生物たちの体を構成する材料として再利用されます。地球上では、ありとあらゆる元素が、繰り返し利用される物質循環に組み込まれています。炭素は、大気中に0・04パーセント含まれる二酸化炭素、岩石に含まれる炭酸カルシウム、細菌・植物・動物中炭素化合物、海洋に溶解した二酸化炭素や炭酸塩化合物、ガソリンなどの化石燃料の形で、1年間に100億トンも消費や移動しています。

大気中の二酸化炭素は、植物や光合成能力を持つ微生物によって取り込まれ、動物はそれらを食べることによって、炭素を摂取しています。このように生物圏に取り込まれた炭素も、やがて大気中や土壌中に返還され、あるものは化石燃料として蓄えられ、あるものは再び植物に取り込まれます（図8）。炭素を生物圏から再び大気中の二酸化炭素へ戻したり、あるいは化石燃料へ変換したりする過程には、細菌による動植物の死体や動物の排泄物の分解が大きく係わっていて、細菌によるリサイクル活動がなければ、やがて炭素は使い尽くされて利用できなくなってしまいます。

大気中の80パーセントを占める窒素も、生物の体を構成する重要な元素です。タンパク質や核酸の構成因子の一つであり、タンパク質の8〜16パーセントを占めています。この窒素の循環にも、細菌は大きく係わっています。

動植物は、大気中の窒素ガスを直接利用することはできず、硝酸（HNO_3）の形で植物によって利用さ

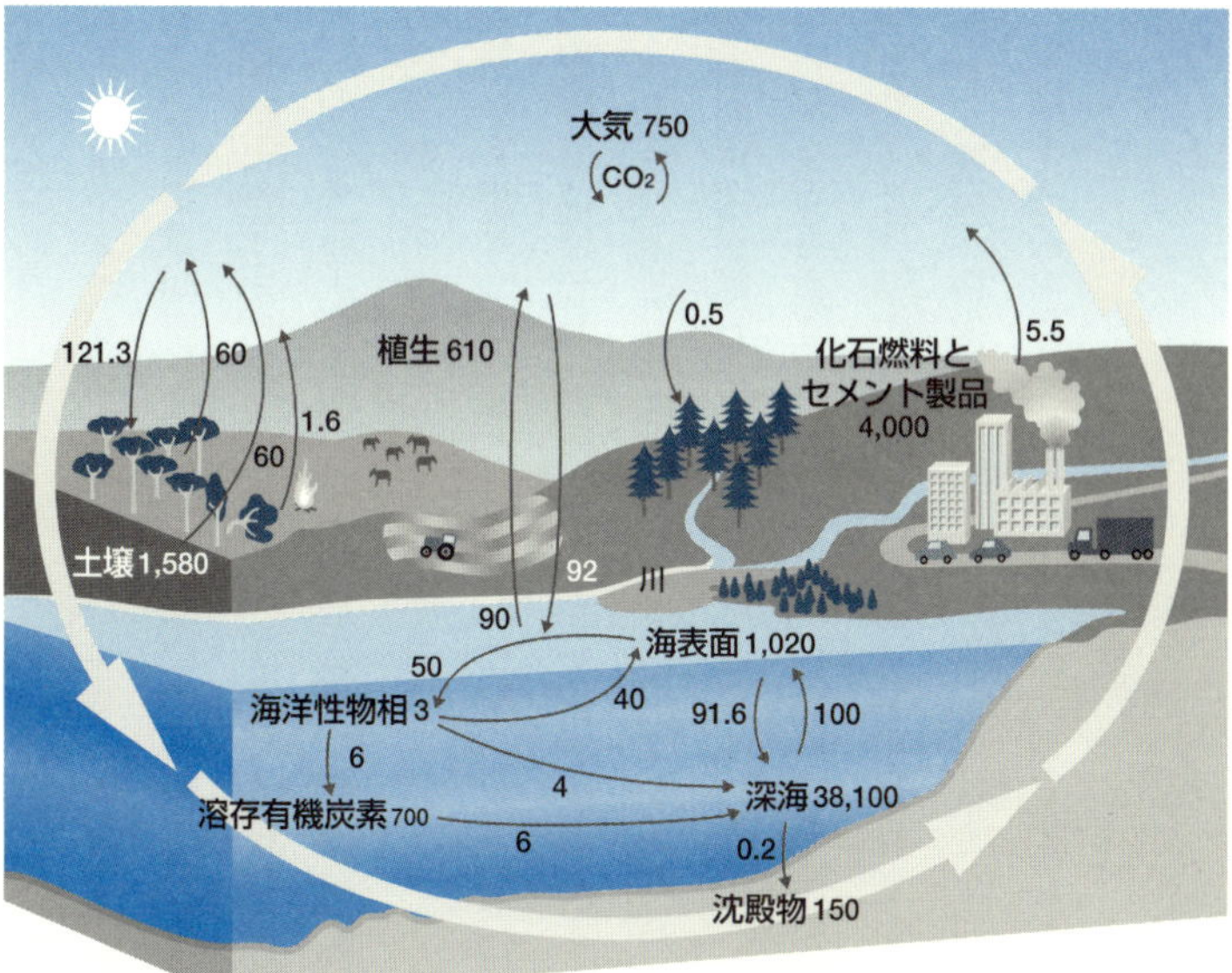

図8
炭素循環の概念図

各数値は年間での炭素移動量の推定値。単位はギガトン（10億トン）。
〔Meyer C. F. J., C. J. Schwarz & J. Fahr（2004）より〕

れ、動物はその植物を食べることによって窒素を補給しています。このようにして行われる窒素の循環量は、年間約10億トンと見積もられています。大気中の窒素を生物が利用しやすい形に変換することを窒素固定といい、大気中の窒素は、根粒菌や土壌細菌によって固定されます。植物も大気中の窒素を直接利用することはできないため、細菌が産生した硝酸や亜硝酸、アンモニアを吸収して生育しています。生物が死ぬと、細菌によってタンパク質が分解され、アンモニアが生成されます。アンモニアは毒性が高いので、生物は尿素に変換して排せつします。これらの窒素を含んだ排泄物や死体の分解物は、再び硝酸や亜硝酸に変換され、動植物によって再利用されるのです（図9）。これら窒素の変換には、ニトロソモナス（*Nitrosomonas*）、あるいはニトロバクター（*Nitrobacter*）と呼ばれる窒素固定菌が係わっています。

金を作り出す錬金術が叶わぬ夢であるように、地球上の自然環境では元素を作り出すことはできません。地球上のあらゆる元素は動植物によって利用されていますが、生命誕生から40億年が経過してもそれらが枯渇しないのは、ここで紹介した炭素や窒素と同様に、全ての元素が細菌の働きによってリサイクルされているからなのです。

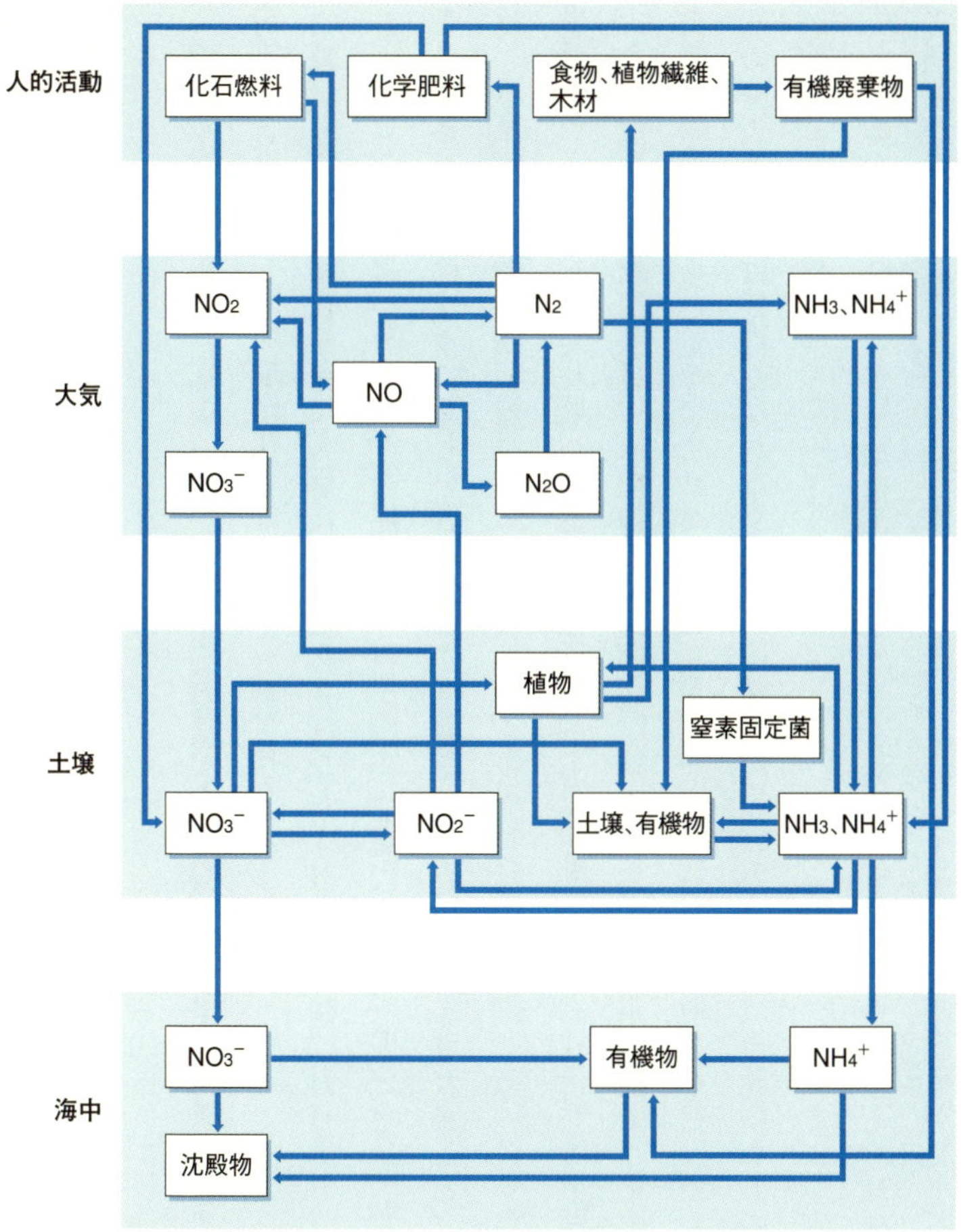

図9

地球上での窒素の循環

窒素はいろいろと形を変えながら、地球の中を循環している。

〔Vaclav Smil, "Global Population and the Nitrogen Cycle", Scientific American Magazine, p-6, (July, 1997) より〕

1-3 自然界に存在しないものを分解する能力

「細菌の能力はあなどれないな」と感じるのは、人工的に作り出した農薬などの環境汚染物質を分解して環境浄化を行っている姿を見る時です。

地球上で最初に自然界に大量にまき散らされた人工合成有機物はＤＤＴで、１９３９年のことでした。[①]ＤＤＴが害虫駆除や公衆衛生に非常に有効であることがわかると、それをきっかけに次々に新しい合成農薬が開発され、大量に散布されました。これらは、感染症撲滅や穀物収穫量増大などに大きく寄与したのですが、その後、自然界に蓄積されることによる生物への悪影響が、世界各地で報告されるようになります。いったん散布された農薬は、人間の力では回収・除去することは不可能で、その分解は自然界の力に頼らざるを得ません。ところが、短期間に大量の散布を行ったことで自然の除去能力では処理しきれなくなり、海洋や河川、ある場合は母乳中などから農薬が検出される事態になったのです（図10）。

ところが不思議なことに、環境中に人工合成有機物がまき散らされるとそれを分解する細菌が誕生することがわかりました。その一つが、１９５０年ごろに発見されたＤＤ

① 『化学と生物』
Vol.42, No.7,
pp. 468−473, (2004)

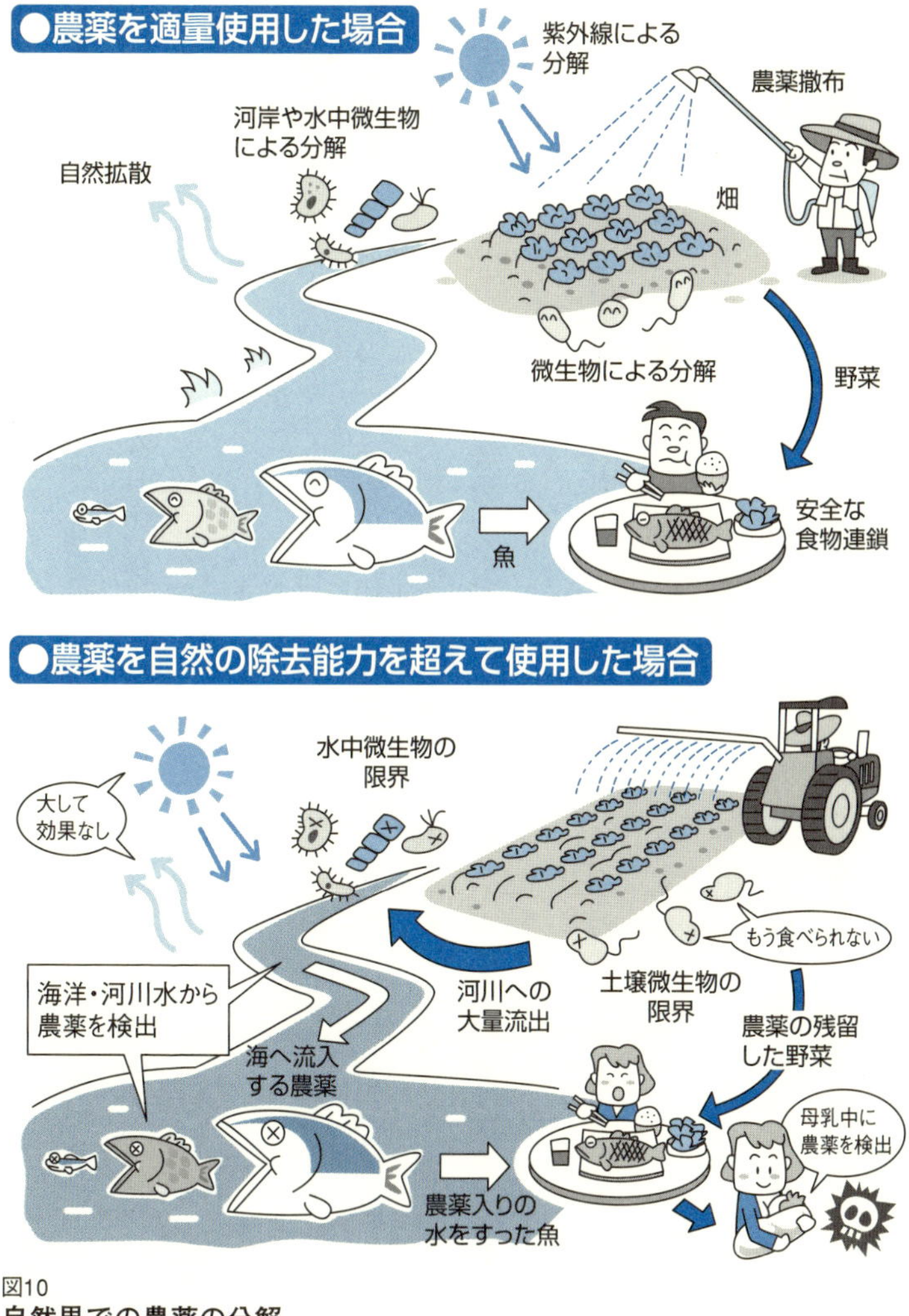

図10
自然界での農薬の分解

T分解菌です。DDTが商品化されてわずか十数年後には、それを分解する能力を持つ細菌が現れたのです。DDTは、細菌にとって初めて見るものであるはずなのに、なぜこのようにいとも簡単に、それを分解する能力を持つことができたのでしょうか。

遺伝子をもらってパワーアップ

細菌の遺伝子は、人間よりも比較的短時間に変化します。何もしていなくても時々変化しますし、環境要因でその変化が加速されることもあります。DDTを分解する特殊な能力は、元々持っていた何かの物質を処理する能力の遺伝子が変化する過程で、たまたまDDTを処理できる遺伝子ができあがり、その能力が子孫に受け継がれたものと思われます。

とはいっても、細菌にとって遺伝子は非常に重要なものなので、そう簡単に変化してしまっては生存に支障が出るかもしれません。そこで細菌は遺伝子を、生きていくために絶対に必要なものと、そうではないものの2種類に分別し、別々に細胞の中に置くことにしました。生存に必須でなく、加工に失敗しても影響の少ない遺伝子は「プラスミド」と呼ばれ、DNAの輪っかとなって独立して存在しています（図11）。

DDTのような合成有機物の分解に関与する遺伝子の存在を調べたところ、多くの場合、その遺伝子はプラスミドの中にありました。プラスミドには、周辺環境の激変に対応するために臨機応変に変異させなければならない遺伝情報が、数十種類記録されています。細菌は、このプラスミドを個体間で受け渡しすることができます。ある細菌が有利な変異に成功した場合、その遺伝子が含まれたプラスミドを別の細菌に渡せば、その細菌も同じ能力を持てるのです。これを遺伝子の「水平伝達」といいます。DDT分解菌の場合も、変異に成功した遺伝子を細菌同士で受け渡しをすることで、異なる種類の細菌が非常によく似た能力を短い時間で獲得していたことがわかっています（図12）。

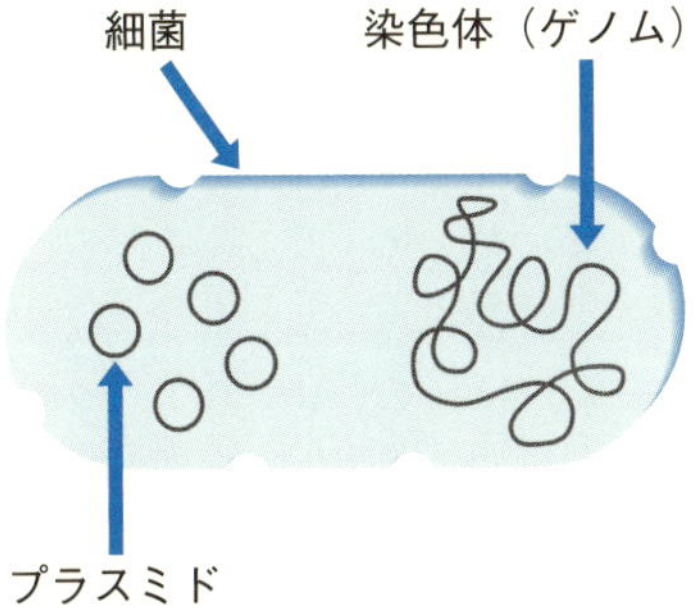

図11
細菌の染色体とプラスミド

図12
遺伝子の水平伝達のイメージ

ミミズのサポート

プラスミド自身は単なる遺伝子の輪っかで、自力で菌から脱出して別の菌へ移動することはできません。したがって、細菌同士がくっついてしまうほど近い距離にいなければ、せっかく獲得した能力を仲間に伝えられないのです。しかし、細菌は土壌中ではさほど活発に移動できないため、普通にしているとなかなか仲間に会えません。

そこで登場するのが、ミミズのような土壌中生物です。土壌中生物は、細菌が新たに獲得した能力を広める役目を担っています。ミミズを加えた土壌と加えていない土壌でプラスミドが広がる範囲を比較したところ、ミミズを加えた方が圧倒的に広い範囲にプラスミドが伝達されることがわかりました。また、ミミズの糞の中に新たなプラスミドを獲得した細菌が含まれていることも発見されました。これは、ミミズが土壌を口から体内に取り込む過程で細菌も同時に取り込み、ミミズの体内で撹拌される過程でプラスミドの受け渡しを行い、ミミズの移動によって食べられた場所から離れた所で糞として放出されることで新天地に移動し、そこでプラスミドを広めたりしているようです(図13)。

ところが、農薬の散布歴のない土地から採取した細菌にも農薬を分解する能力を持

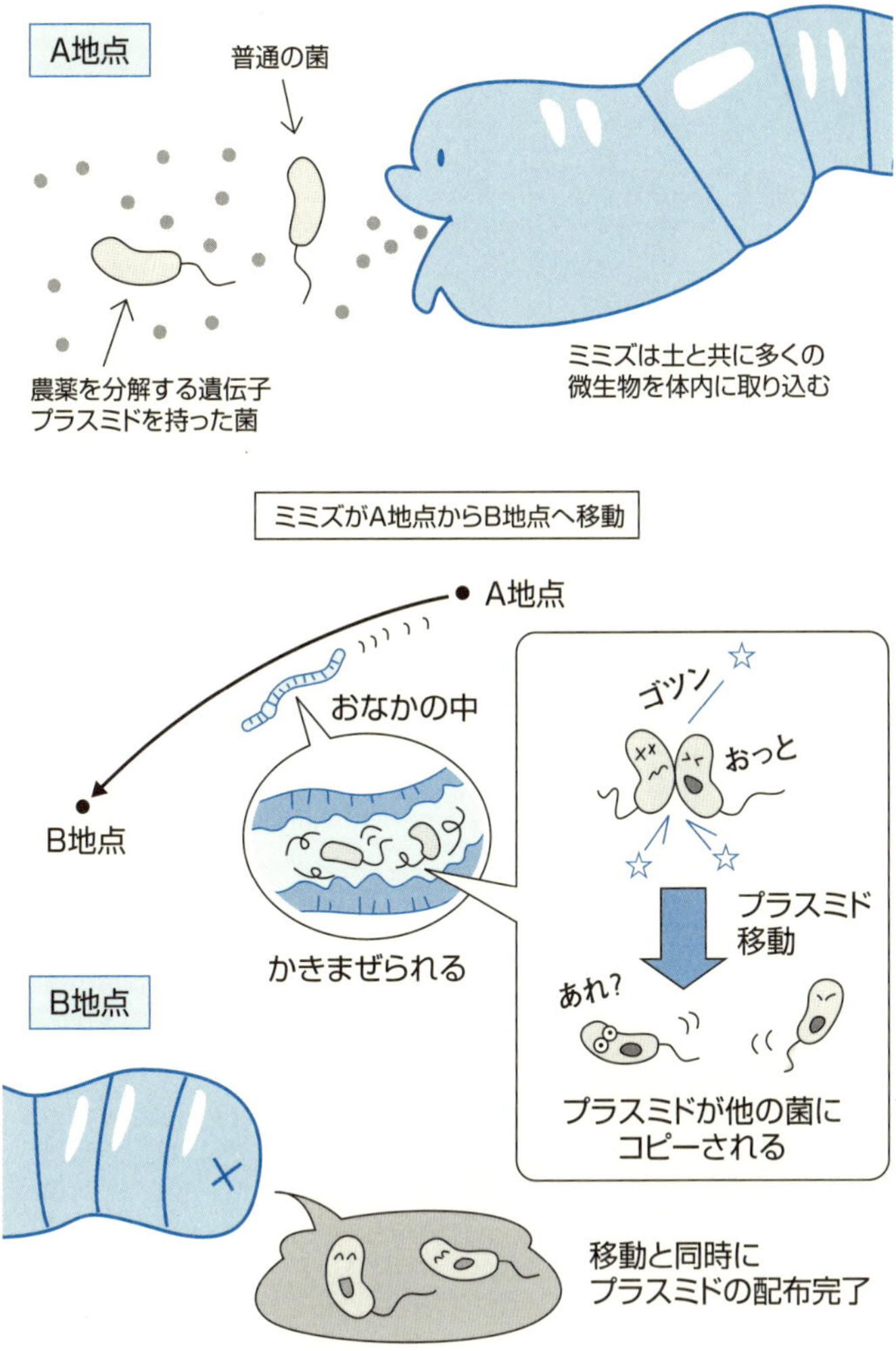

図13
ミミズのプラスミド伝搬サポート

つ細菌が確認されることがあります。このことは、人工合成有機物を処理する能力はいくつかの細菌では予め用意されているということを示しています。これを根拠に、多くの細菌の中からたまたま散布された農薬を分解することに十分役立つ因子を持った細菌が勢力を拡大しつつ、その能力を他の菌にも分け与えているのではないかという説もあります。つまり、土壌中に生息している膨大な種類の細菌は、人工合成有機物を分解する能力を温存して出番を待っている可能性もあるわけです。

汚染物質との出会いを求めて

いくらハンサムな男性がいても、この世に女性がいなければ意味がないのと同様に、細菌が優れた環境浄化能力を持っていても、汚染物質と細菌が出会わないことには、その能力も発揮できません。工場の汚水処理などで細菌が使用される場合には、細菌の培養槽の中に汚染物質を投入したり、あるいはその逆に汚染物質のタンクに細菌液を散布するなど、人間が細菌と汚染物質を接触させることによって、その能力を利用しています。

ところで、細菌はエサに向かって近づき、嫌いなものや危険なものからは遠ざかる方向に泳ぐ「走化性（Chemotaxis）」と呼ばれる性質を持っています（図14・15）。この

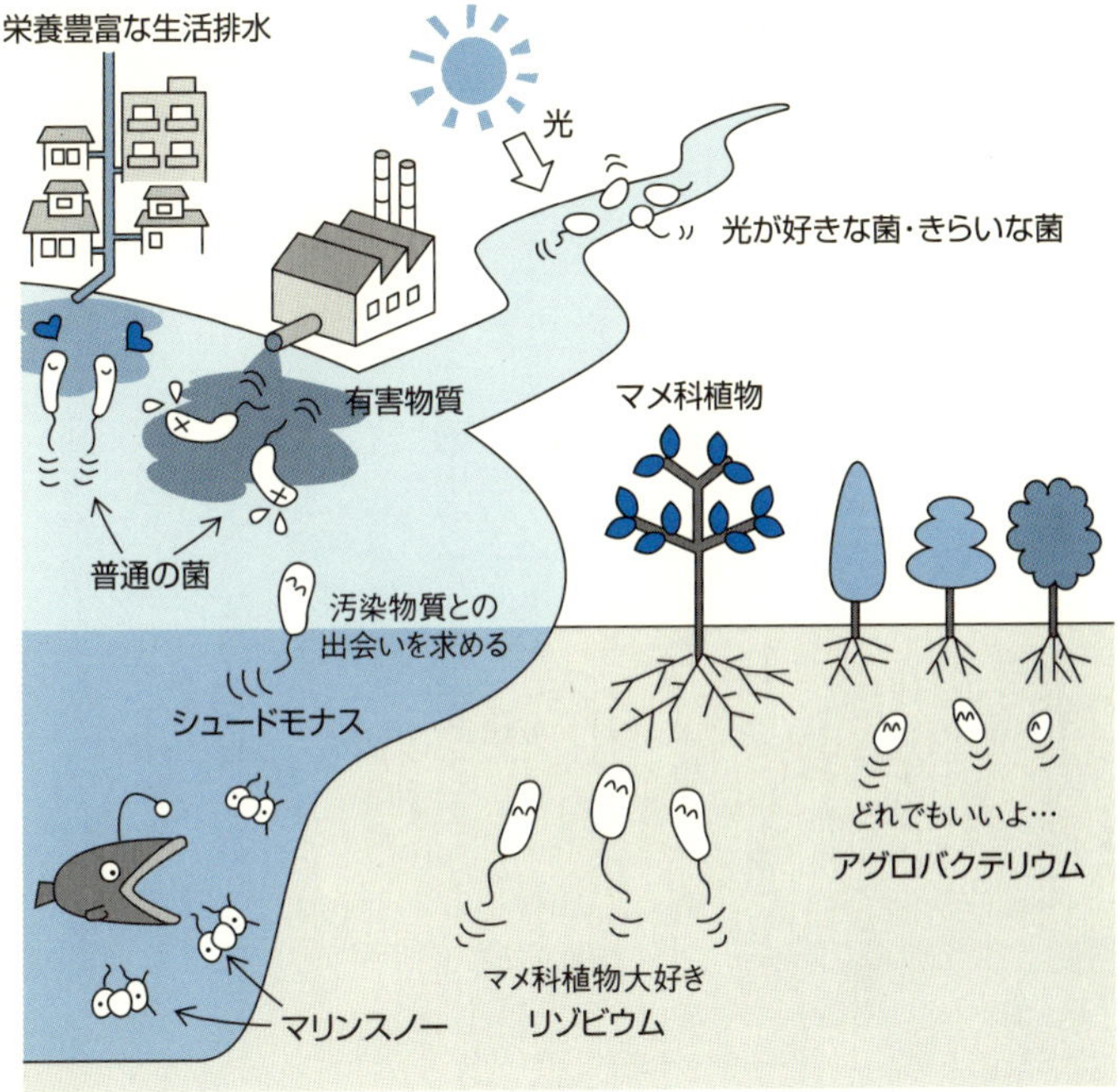

図14
細菌の走化性

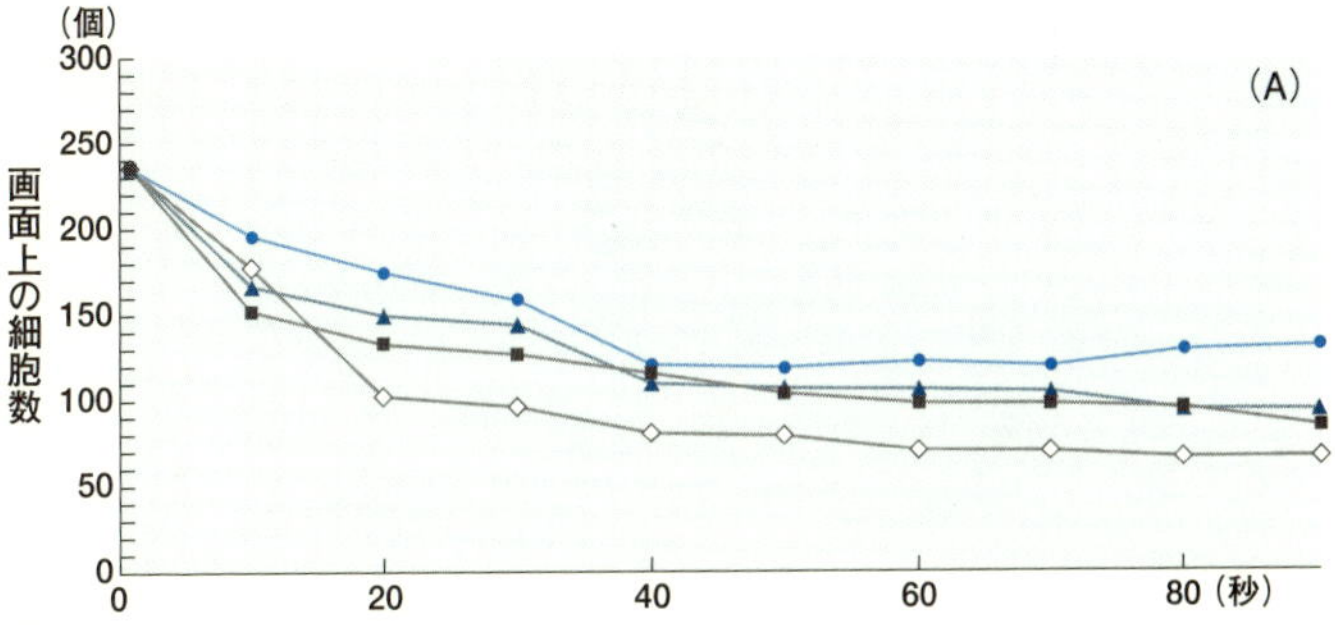

図15
有害物質トリクロロエチレンから逃げるシュードモナス

シュードモナス属細菌を培養した液体に、細菌の嫌いなトリクロロエチレンを付着した針を接触。針周辺をビデオ撮影し、その映像内にいた菌数を計測した。

針接触直後から、細菌は針から遠ざかる行動を開始し、1分後には65%の細菌が画面外へ逃避。

〔金彗恩ら「運動性細菌による環境汚染物質の認識」,『化学と生物』, Vol.44, No.5, (2006) より〕

性質は、細胞にとって自分の身を守り子孫を増やすために非常に重要な能力の一つで、植物や動物に共生する細菌が宿主を探し求めるためにも使用されています。

例えば、腸内細菌の一種としてよく知られている大腸菌（*Escherichia coli*）は、大好物のアミノ酸、糖、酸素などがより高濃度で存在する方向を知ることができます。また、マメ科植物と仲のよいリゾビウム（*Rhizobium*）属細菌は、根にくっつくためにに土壌中でマメ科植物の根がどちらの方角にあるかを知り、そちらに向かって移動することができます。多くの植物に対する病原性を持つアグロバクテリウム（*Agrobacterium*）属細菌（写真16）は、手当たり次第に植物に向かって移動しては、植物に病気を引き起こします。

海水中にも多数の細菌が生息していますが、これらは海洋に漫然と分散しているのではなく、有機物の多い海域には多数の細菌が集合しており、さらに、そのほとんどは海草やプランクトン、マ

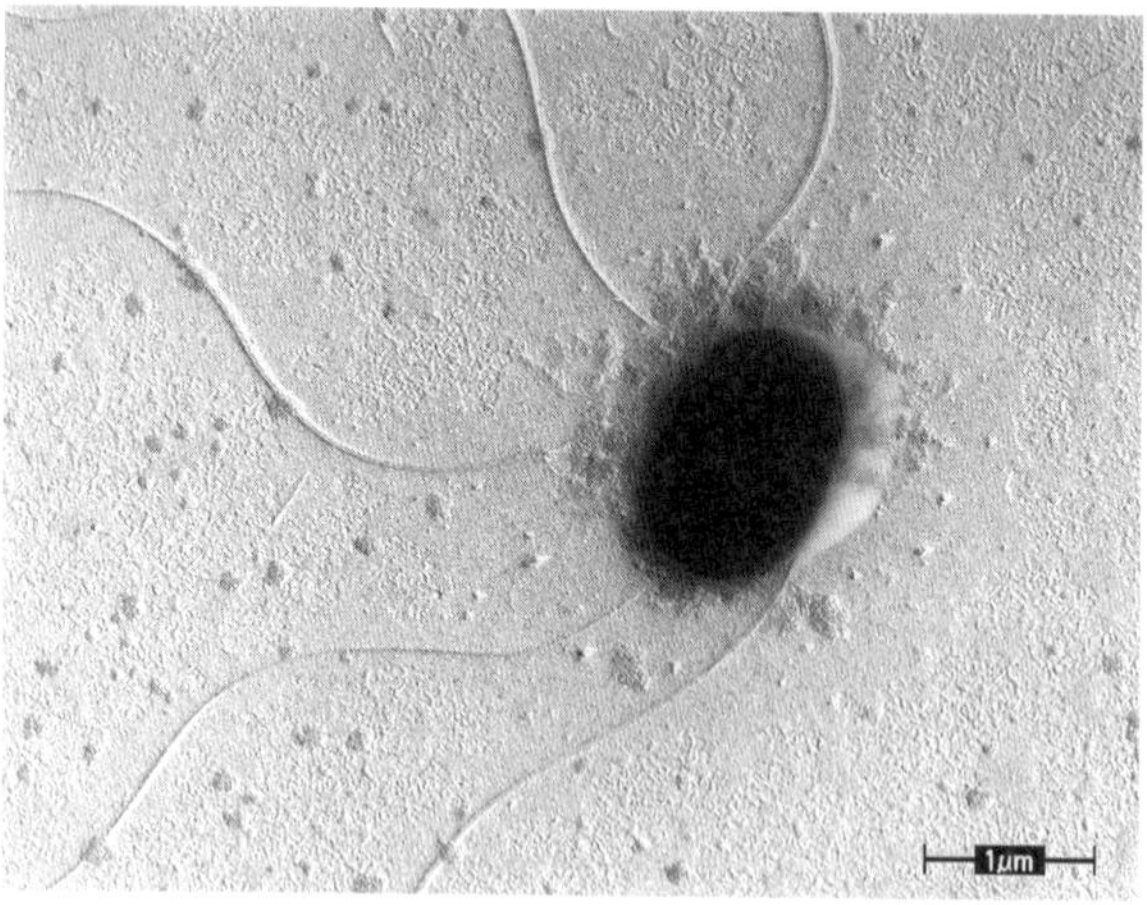

写真16
アグロバクテリウム
（提供＝JST独立行政法人科学技術振興機構）

● アグロバクテリウム
アグロバクテリウム属のあるものは、植物に感染すると病原性物質だけでなく、自分のDNAを相手の植物に送り込む性質を持っている。これを利用して、予め細菌に組み込みたい遺伝子を入れて感染させ、植物に有用な遺伝子を組み込むことができる。

リンスノーなどの有機物に付着しています。海水は一見均一に見えますが、その成分にはムラがあり、海洋性細菌は生育に有利な環境を求めて移動しています。

ところが、中には不思議というか、けなげというか、有害な環境汚染物質にわざわざ向かって泳いでいく性質のある細菌も知られています。それはシュードモナス(*Pseudomonas*)属細菌で、環境汚染物質を分解する能力を持つ多くの菌が、この属に含まれています。この細菌の奇特な特性を応用すれば、自ら環境汚染物質を探してそれを浄化する「自立型バイオ環境汚染物質除去装置」とも呼べるものを作り出すことができるかもしれません。

このような走化性は1960年代からすでに知られていたので、その能力を利用した環境浄化を考えた研究者は大勢いました。しかし、細菌が何かに目標を定めて泳いでいくというメカニズムが十分に解明されていなかったため、産業レベルでの利用は行われませんでした。しかし、遺伝子解析技術を利用した研究によって、自分の周辺の物質を細菌がどのようにして関知しているのかが次第に明らかになりつつあります。近い将来、このような特長を活かした画期的な環境浄化の方法が、開発されるかもしれません。

●マリンスノー
海中に浮遊するプランクトンの死体や残骸、その他有機物の凝集体のこと。地球の炭素循環を考えた際、炭素の貯蔵庫として機能している。なお「マリンスノー」という名称は、1950年代に日本人研究者によって命名された。

1-4 周辺の状況を知る仕組み

目も耳もない細菌は、どのようにして周辺の情報を入手しているのでしょうか。

細菌は細胞表面に「化学・温度感覚レセプター」と「べん毛モーター」というメカニズムを持っていることがわかっています。レセプターというのはセンサーの役目をするタンパク質、べん毛モーターとは船のスクリューの役目をするタンパク質のことです。この二つの仕組みを使うことで、液体の中を泳ぎ回ぎまわって生活しています。

感覚センサーとべん毛モーターの模式図を、図17に示しました。センサーの先端は、細胞から外に突き出ています。これは、有害物質を細胞内に取り込まずに検出できるようにするためです。センサーに細菌を引き寄せる物質が結合すると「結合したよ」という情報だけが細胞内に伝わりま

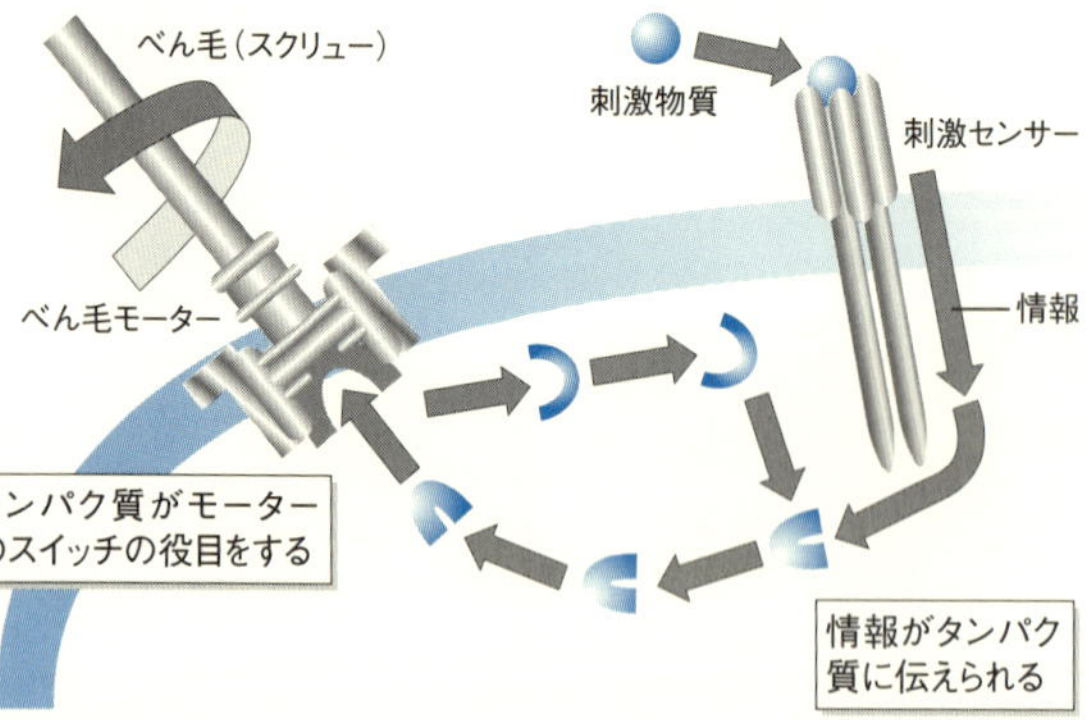

図17
細菌が周辺の状況を感知して移動する仕組み
センサー刺激物質を感知すると、媒介物質によってモーターが起動。細菌は移動を始める。

す。センサーは物質ごとに別々のものが用意されていて、最も多いものでは52種類ものセンサーを搭載した細菌も見つかっています。

センサーからの情報は、情報伝達の役目を担うタンパク質に伝えられます。いくつかのタンパク質で情報のリレーを行い、最終的にべん毛モーターのスイッチを押す役目をするタンパク質がモーターを起動します。スイッチを押したタンパク質はスイッチから離れていきます。このような情報リレーによって細菌のスクリューであるべん毛モーターの制御部分に「モーターを動かせ」という情報がパルス状に伝わり、この伝わる頻度によってモーターの回転時間や方向が制御され、細菌は移動します。

このセンサーは細胞から取り出しても反応することがわかっています。また、ある細菌に別の菌のセンサー遺伝子を組み込んだところ正常に機能することも明らかになり、ミニ四駆のパーツを交換するように、汚染物質センサーと汚染物質除去能力を組み合わせて、より能力の高い細菌を育種することも夢ではなくなってきています。

ただし現時点では、細菌の細胞表面にたくさんのセンサーが見つかってはいるものの、そのセンサーが何に反応しているのかがよくわかっていません。ある特定の汚染物質に鋭敏な細菌を得るには、まだ時間がかかりそうです。

1-5 小さな体の大きな働き――細菌の環境改善

細菌の持つ環境浄化能力を都合良く取り出して利用するのはまだ先の話ですが、菌体をそのまま利用した環境浄化は、すでに広く使用されています。ここでは、細菌に手助けしてもらっている環境浄化方法をいくつかご紹介しましょう。

下水処理場の活性汚泥

工場から出る排水などの汚水は有機物を含んでいますが、汚水の中に空気を吹き込みながら攪拌すると、細菌の働きで有機物が二酸化炭素と水にまで分解されます。この浄化作用が行われる水槽を曝気槽と呼び、中には膨大な量の微生物が生息しています。微生物はフロックと呼ばれる塊を形成して水槽の底で生育しており、これによって浄化された水は比重が小さくなって上層にわかれます。このように汚れた水ときれいな水が自然に分離されるので、汚水を連続して注入しながら処理済み水を排水することができます。

活性汚泥中の微生物は、多くの種類の細菌とゾウリムシ、ラッパムシ、ワムシなど

の原生生物です（図18）。しかし、含まれている生物があまりに多種多様で、詳細は解

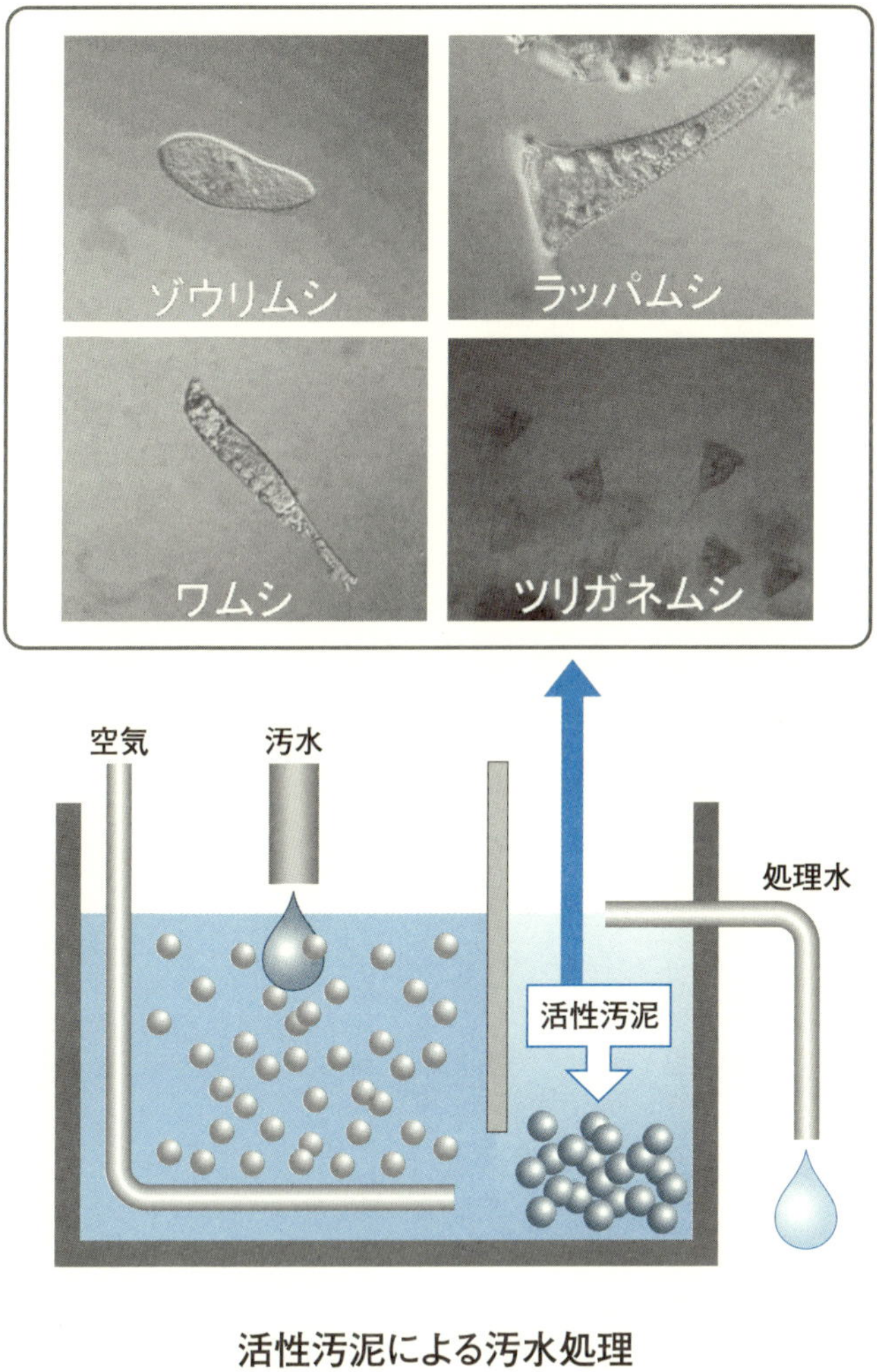

図18
活性汚泥とその中の微生物
〔写真提供＝石田正樹（奈良教育大学理科教育講座准教授）〕

明されていません。細菌はアルカリゲネス（*Alcaligenes*）属、バシラス（*Bacillus*）属、コリネバクテリウム（*Corynebacterium*）属、エシェリキア（*Escherichia*）属などが確認されており、汚水処理を行うと同時に、汚染物質分解に関わる原生生物の食糧にもなっています。

石油を食べるニクいヤツ

ガソリン代が高騰し、車のアクセルを踏み込む力もおっかなびっくりになっているお父さんたちを尻目に、ある意味超セレブな食生活を送っている細菌がいます。炭化水素資化性菌です。この細菌は、長い年月をかけてできあがった石油を、ためらいもせずあっという間に食べてしてしまうのです。

石油を食べる菌が発見されたころは、こうした細菌はめったにいない特殊な生物に違いないと考えられていました。ところが、よくよく調べてみると、普段はごく普通の食生活をしている細菌の中に、条件次第で石油を栄養とすることができる例が次々に見つかり、今では数百種類の石油を食べる細菌が発見されています。

石油と一言でいってもその成分は単一ではなく、炭化水素だけで200種類以上も含む混合物です。石油を食べる細菌も、その種類ごとに石油の中の成分に好き嫌いが

● **好き嫌いがある**
細菌たちが最も好むのは、炭素原子が十数個1列に並んだノルマルパラフィンと呼ばれる種類の炭化水素。

あることがわかっています。

船舶の座礁などで重油が海岸に漂着する事故は、時々発生します。海岸に漂着してしまうと、人力ではどんなに努力をしても１００パーセント除去することはできません。わずかに残った漂着物は、自然界に生息するこれら重油を栄養とする細菌によって浄化されます（図19）。ただ、いくら重油を食べるといっても、細菌の体はミクロンサイズと極小です。細菌のペースに合わせていると、処理に5年も10年もかかってしまいます。そこで分解処理のペースを上げるために、重油で汚染された海岸に細菌の栄養分を散布する方法がとられることがあります（図20）。エクソンモービル社はアメリカ環境保護庁と協力して、アラスカ沿岸の原油汚染を除去するために、新たに開発した細菌の栄養分を散布し、効果を上げました。その栄養

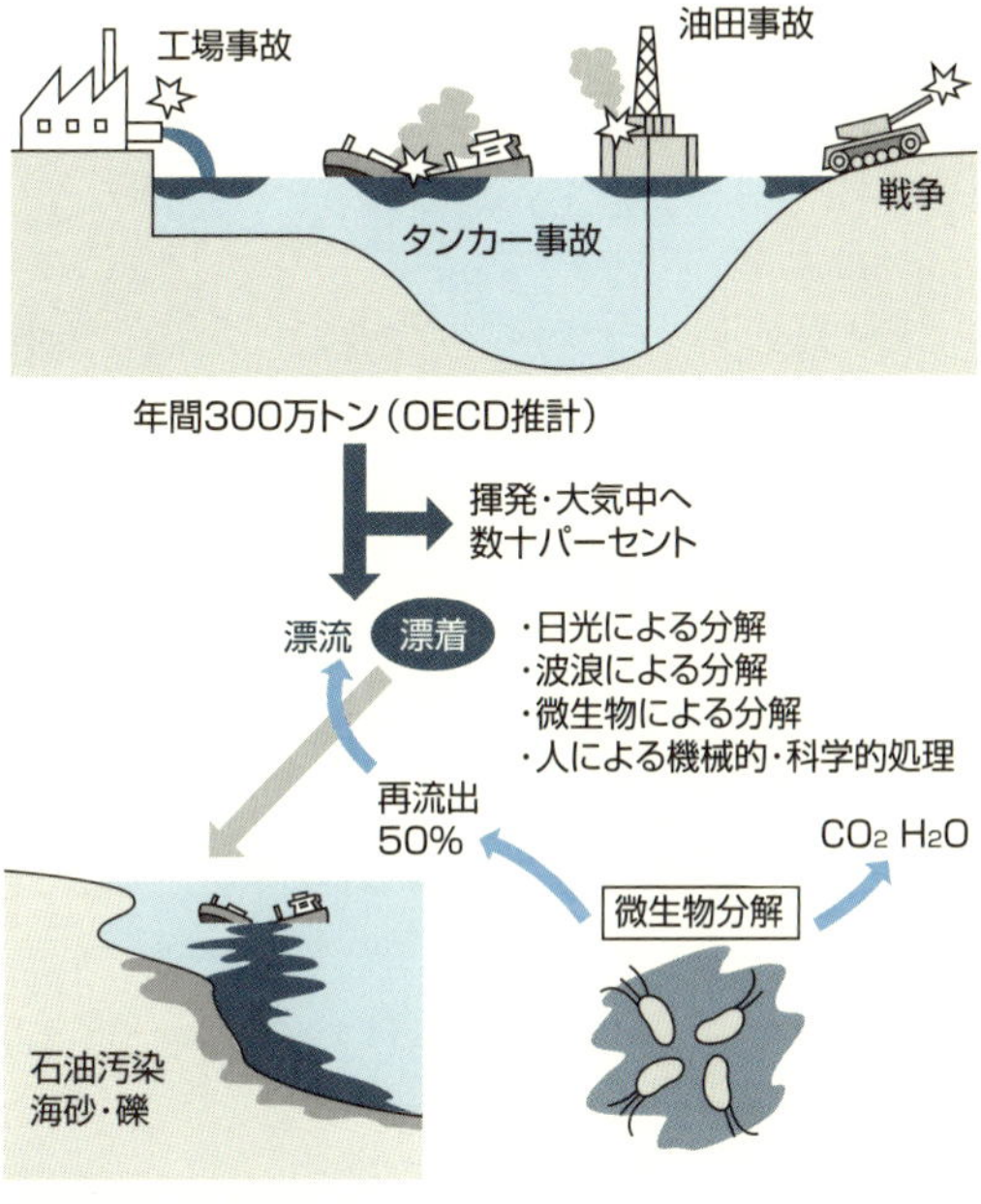

図19
海洋への石油流出とその分解
数値は国立環境研究所の実験結果（2003）による。

分は、石油と馴染みやすい自然由来の極小ビーズの表面に、窒素とリンをコーティングしたものだったということです。

水銀を取り込むスゴいヤツ

日常生活で使用されている金属の中で、環境汚染を考えた際に最も注意をしなければならないのは、水銀です。水銀は、乾電池、温度計、蛍光灯や水銀灯の発光体、歯科で用いるアマルガムなどに利用される液体の金属です。水銀原子に炭化水素が結合した有機水銀は、かつて農薬としていもち病や土壌病害の防除、種子の消毒に使われていました。有機水銀の毒性は非常に強いため、１９６８年以降は使用が禁止されています。中でもアルキル水銀化合物の毒性は特に強く、生物の体内に蓄積し神経に障害を与えます。世界最悪の水銀公害である水俣病（熊本県八代海）や阿賀野川流域での第二水俣病（新潟県）はアセトア

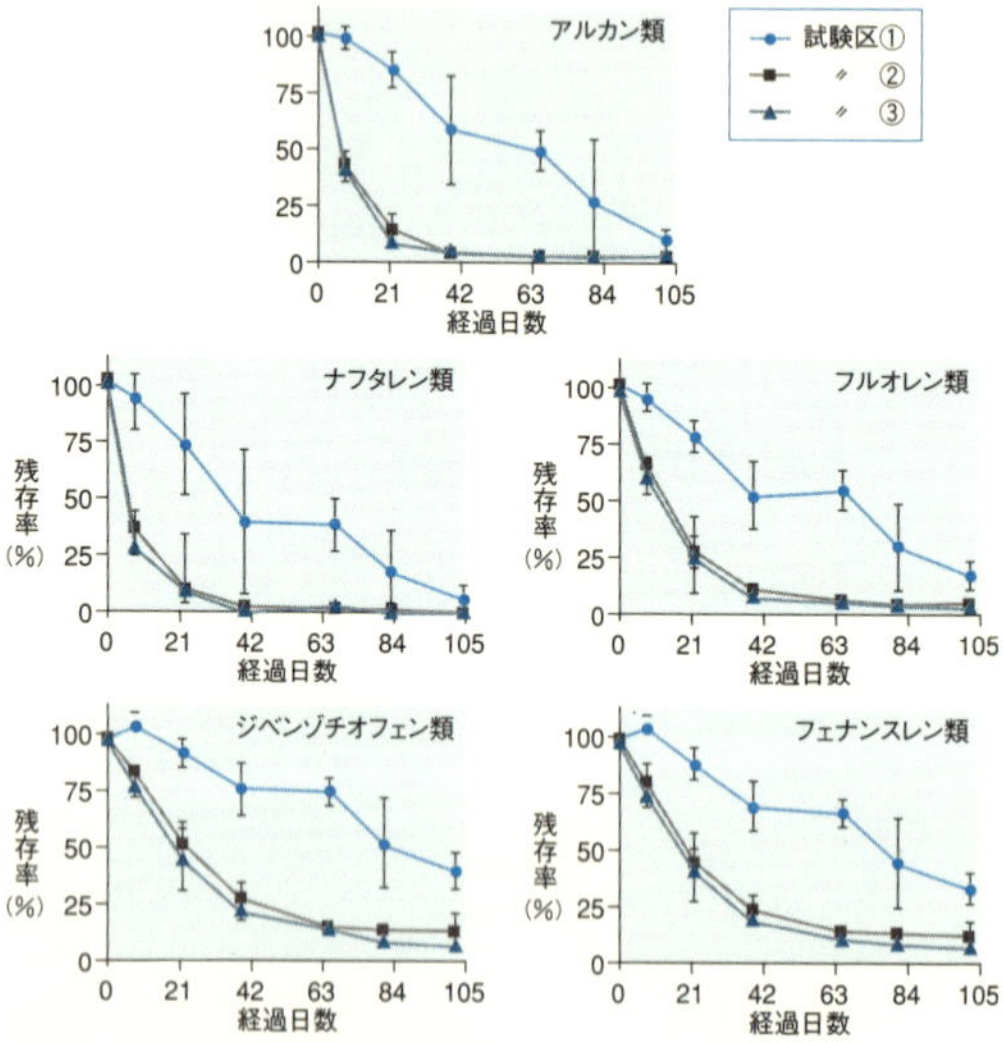

図20
原油成分ごとの細菌分解における栄養分添加と非添加の比較

○=栄養分非添加、■▲=栄養分添加
いずれの成分も栄養分を添加することによって分解が促進されることがわかる。
（国立環境研究所特別研究報告 SR－53－2003より）

ルデヒドを製造する工場の排水中に含まれたメチル水銀が魚介類を経て人間の体内に取り込まれ、神経に対する毒性を引き起こしたものです。

水銀などの重金属は土壌への吸着力が強く、数十年から1千年もの間、土中に留まります。これらの自然界に放出された重金属は食物連鎖によって生物濃縮され、人間のような食物連鎖の上位にいる生物ほど影響を受けます。また、あるものは生物の体内を行き来している間に構造が変換され、より一層強い毒性を持つこともあります。水銀で汚染された土壌はこれまで、汚染土壌の封じ込めや加熱処理等の物理的処理法によって処理されていましたが、これらの処理費用は高額で、しかも水銀そのものを除去するものではないので根本的な処理方法とはいえず、決定的な処理方法は見つかっていませんでした。

そこで登場するのが、細菌です（図21）。

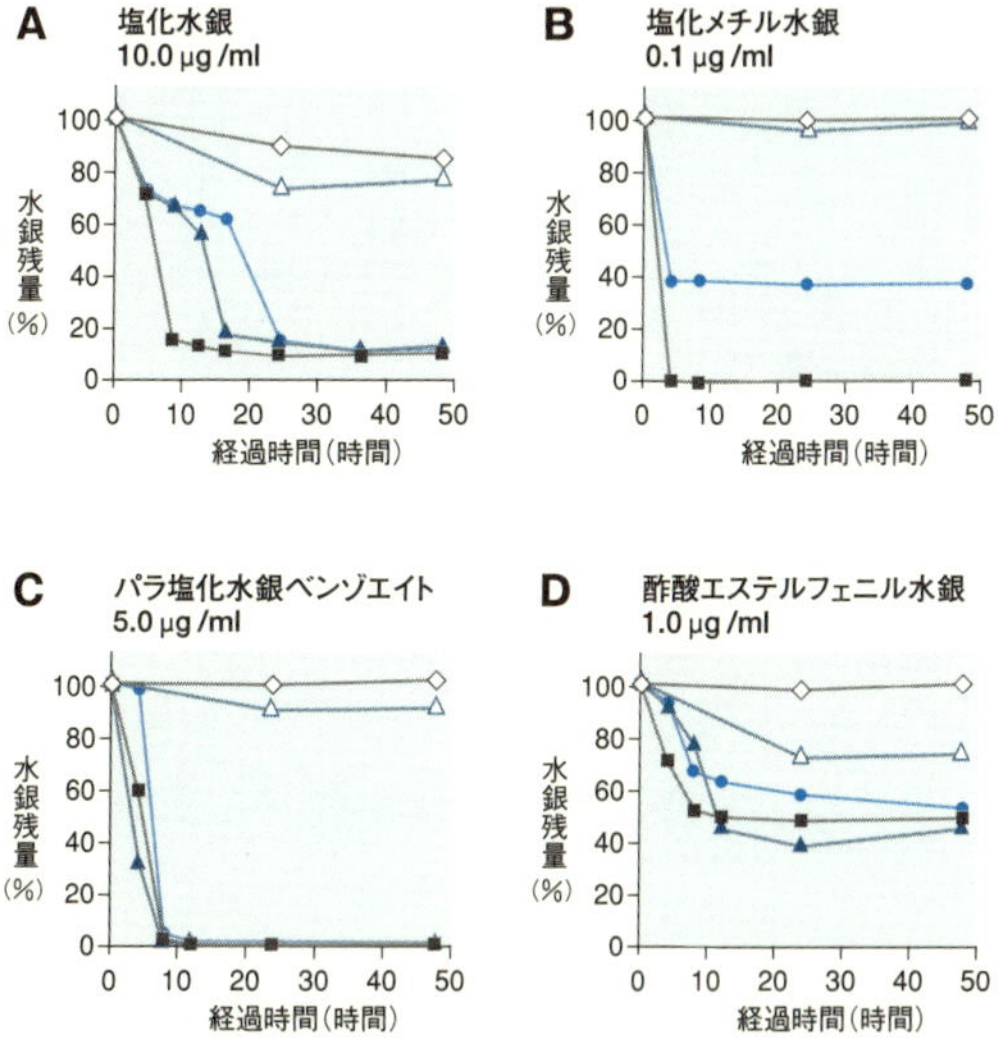

図21
水俣湾から採取された有機水銀分解酵素遺伝子を持つ細菌による4種有機水銀の分解

◇△=有機水銀分解酵素遺伝子を持っていない細菌、●■▲=3種類の有機水銀分解酵素遺伝子を持つ細菌
有機水銀は、有機水銀分解酵素遺伝子を持つ細菌によって確実に分解されている。
〔成田勝ら『環境バイオテクノロジー学会誌』Vol.3, No.1, （2003）より〕

水俣湾の海水中に生息しているのが発見されたアルテロモナス・マクレオディー（*Alteromonas macleodii*）SW—22株は、無機水銀や有機水銀を揮発性の水銀蒸気に変換できる細菌です[②]。この菌を汚染された土壌に添加すると、酵素の働きによって、体内に吸収されにくく毒性が低い金属水銀に変換されます。生成した金属水銀は水銀蒸気として環境中に拡散され、生物に蓄積されることもなく、生物に何も影響を与えないほどの低い濃度に希釈されます。

空気中の窒素を取り込め

空気中の窒素ガスをそのまま利用することができる生物は、地球上にはほとんどいません。その例外的な生物が細菌です。細菌には、窒素ガスを取り込む能力を持つ窒素固定菌と呼ばれるものがいるのです（図22）。マメ科などの植物は、こうした細菌を根

植物と共生せず単独で活動している窒素固定菌	有機栄養細菌	好気性細菌	アゾトバクターなど
		嫌気性細菌	クロストリジウムなど
	無機栄養細菌	らん藻、光合成細菌、メタン菌、硫酸還元菌などの仲間	
植物と共生関係にある窒素固定菌	根粒菌、放射菌の仲間、カビの仲間、らん藻の仲間		

図22
窒素固定菌の種類

●**酵素の働きによって**
有機水銀の炭素と水銀の結合を切断する酵素と無機水銀を還元して金属水銀に変換する酵素との連係プレーが行われる。

② **「水銀汚染物の浄化法とそれに用いる微生物」『特開』2003−102464**

の周辺に住まわせ、細菌が空気中から取り込んだ窒素を自分に供給させています。

窒素固定菌には、単独で活動している菌と、植物と共生している菌がいます。多くの植物は、特定の共生菌と無言の契約関係を結び、光合成で得た栄養を細菌に提供する見返りに、細菌から窒素を受け取っています。この共生菌の一つに、アゾトバクター（*Azotobacter*）属がいます（写真23）。この属の特徴は、窒素を固定するだけでなく植物ホルモンも生産するため、農作物の成長を早めてくれます。窒素供給だけでなく収穫にまで貢献してくれる、私たち人間にとってはありがたい細菌なのです。

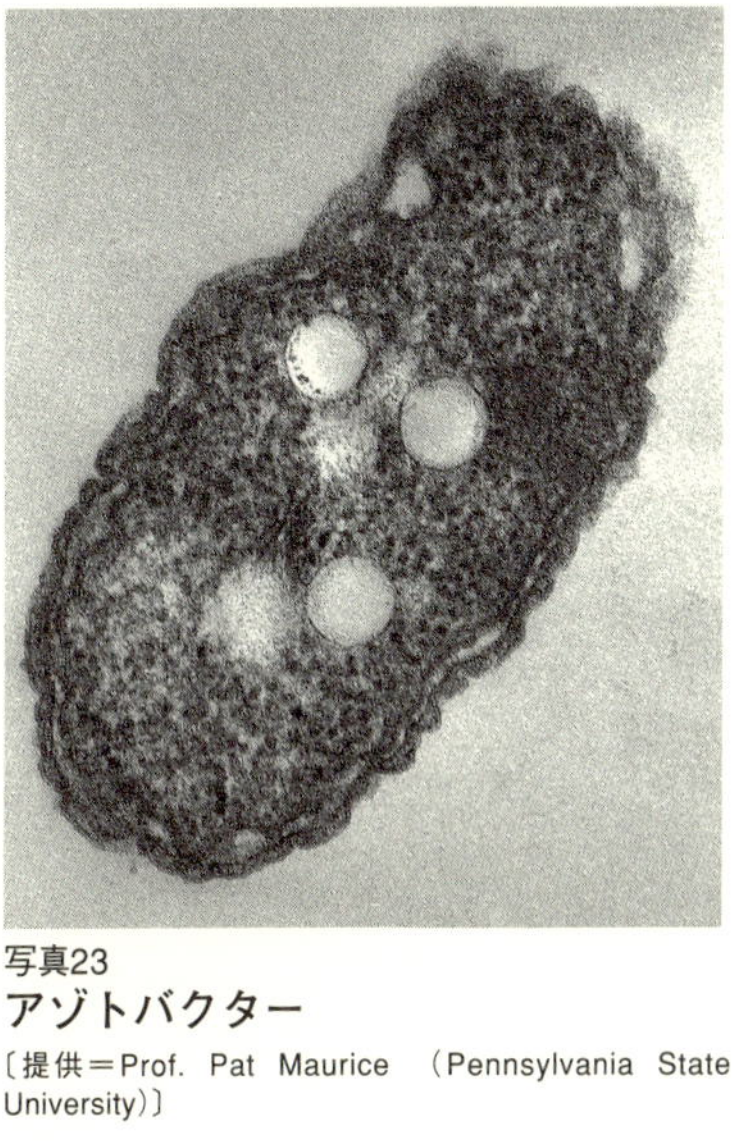

写真23
アゾトバクター
〔提供＝Prof. Pat Maurice （Pennsylvania State University）〕

三宅島に緑をもたらす微生物たち

窒素を空気から土壌に取り込む細菌がいれば、植物は生育できます。もちろん、その他の条件も植物の生育に適した環境である必要があります。では、植物が生育できないほど荒れた大地に、細菌が緑を蘇らせるためには、一体何ができるのでしょうか？

2000年に大規模噴火を起こした三宅島は、噴出する火山灰の堆積と火山ガスの影響で、島の植物は壊滅的な被害を受けました。噴火後に形成された火山灰堆積土壌は、雨が降ると容易に浸食されて泥流と化します。こうした被害を防ぐにためには、一刻も早く植生を回復させて土壌を安定にする必要があります。噴火後の植生を回復させるには、土壌改良材を大量に投入すると同時に、外部から火山灰性土壌に強い植物を導入する方法が一般的です。しかし、この島ではそれができない理由がありました。三宅島は富士箱根伊豆国立公園に含まれ、固有の野鳥や海の生物の豊富な地域です。安易に外来植物を導入したり、大量の肥料・土壌改良剤を投入すると、植生の変化をもたらして固有動物が絶滅する危険性があるのです。また、散布した薬剤が海に流入することで周辺海域の生態系まで変化してしまう可能性も考えられたため、一般的な方法は断念せざるを得ませんでした。

結局、三宅島在来の植物によって植生回復を目指すしか方法はないと判断されます。しかし調査の結果、火山灰層はあまりに固いため、三宅島の在来植物では根を伸ばすことができないことがわかりました。また、植物の生長に必須な窒素が火山灰土壌にほとんど含まれていないこと、硫酸カルシウム（石膏＝$CaSO_4$）が大量に含まれていることも判明しました。土壌中に窒素がないということは、窒素固定菌が火山灰層では生育できないことであり、植物の生存に必要な窒素の供給源が絶たれていることを示していました（図24）。

それでも植物の生命力に期待して、三宅島在来植物の中から劣悪な環境でも生育が期待できそうなハチジョウススキ、ハチジョウイタドリなどを播種することが試みられました。しかし、わずか5カ月[③]で無惨にも全て流失してしまいました。

けれど、島は完全に火山灰に覆われたわけではなく、在来植物が生き残った場所もありました。こ

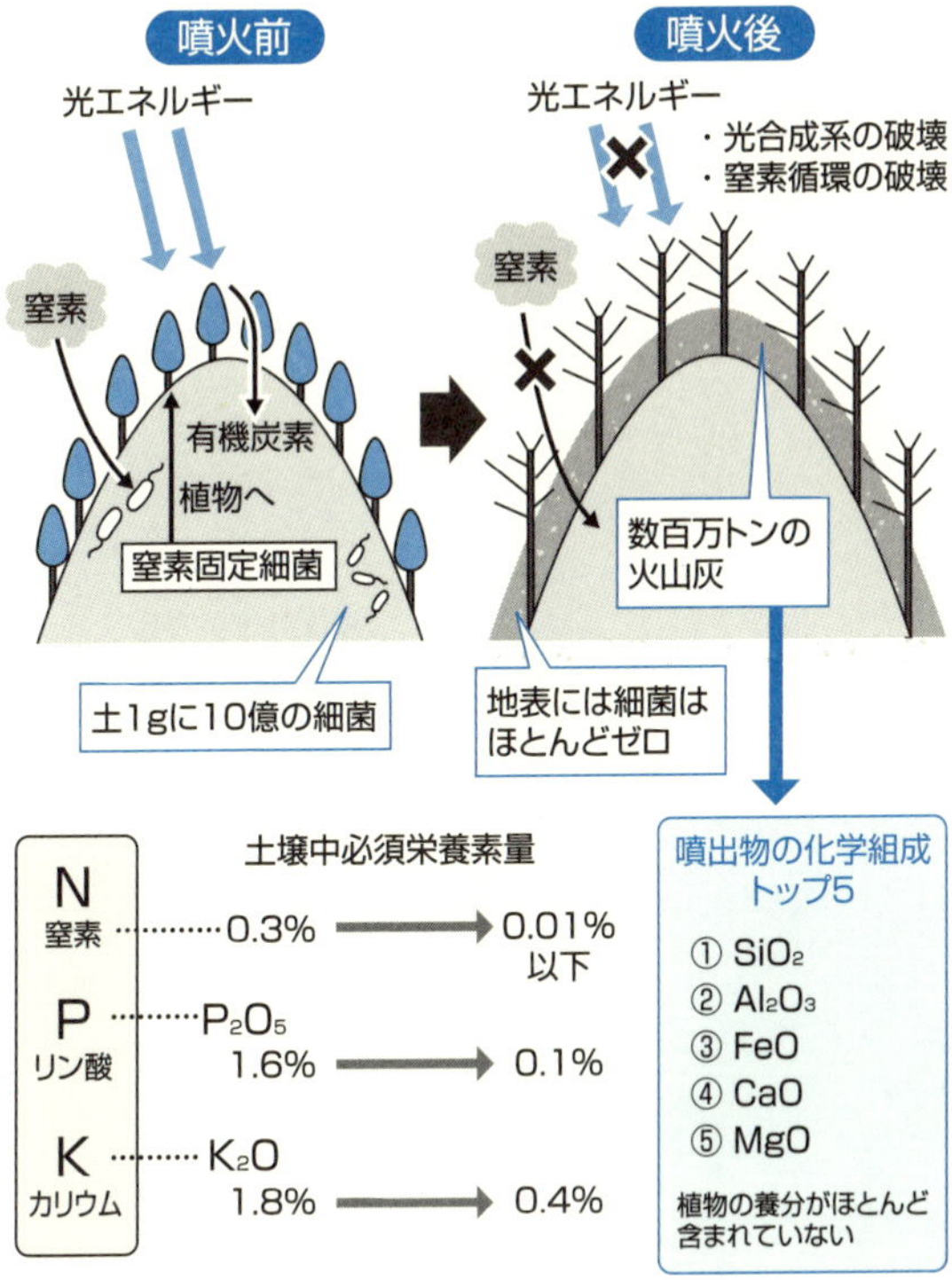

図24
噴火前後における土壌の組成
噴火前には細菌によって生み出された栄養が豊富にあったが、噴火で細菌が死滅すると、植物に必要な栄養が供給されなくなってしまった。

③独立行政法人森林総合研究所『平成14年度　研究成果情報』(2003年6月)

うした場所には、窒素固定菌も生き残っている可能性があります。そこで、島全体で植物共生細菌の残存量や活性に関する調査が行われました。

その結果、噴火からしばらく時間の経過した火山灰の中には、石膏に含まれる硫黄を栄養として生きる硫黄酸化細菌の他、水素酸化細菌及び鉄酸化細菌が生息し始めていることが明らかになりました。また、火山灰層よりも深い土壌中を調査したところ、ある程度の深さになると共生細菌が生き残っていること、火山灰の中であっても落葉などが巻き込まれた周辺には共生細菌の群れが存在していることもわかりました。同時に、火山灰に対応した変異種も存在している可能性が期待されました。

植生の再生は、土壌中に細菌コミュニティが誕生しない限り不可能です。どんな火山灰の大地にも、時間が経つと小さな草や低木が生えてきます。このことは、土壌中に細菌たちが暮らし始め、細菌コミュニティが復活していることを示しています。これらの細菌はどこから来たのか、噴火でいなくなった細菌がいつ生まれたのかについては、現在も様々な研究が行われています。前述の通り、火山灰の下にはかつての細菌群が存在していることから、ここで生息する細菌の中が少しずつ火山灰層に進出しているのではないかと考えられています。硫黄酸化細菌のような菌が先発調査隊として移住すると、後を追って窒素固定菌が、その窒素から生じるアンモニアを利用する細菌が……という具合に順次住み着くのでしょう。こうして少しずつ細菌のコミュニティが誕生し、やがて、そこから供給される窒素や栄養分を利用して、厳しい環境に生きる植物が生えることができる環境が作り出されるのです（図25）。

火山で荒廃した大地に少しずつ緑が蘇るプロセスは、あたかも不毛の大地だった太古の地球に植物が茂り始めたプロセスを再現しているようです。火山灰の大地に小さな雑草が芽を出した時、その地下では膨大な量の細菌たちが「安心しろ。どんなに不毛な大地でも何とかしてやる。それが30億年の歴史の中で俺たちがやってきたことだからな。任せておけ」、そう言っているのかもしれません。

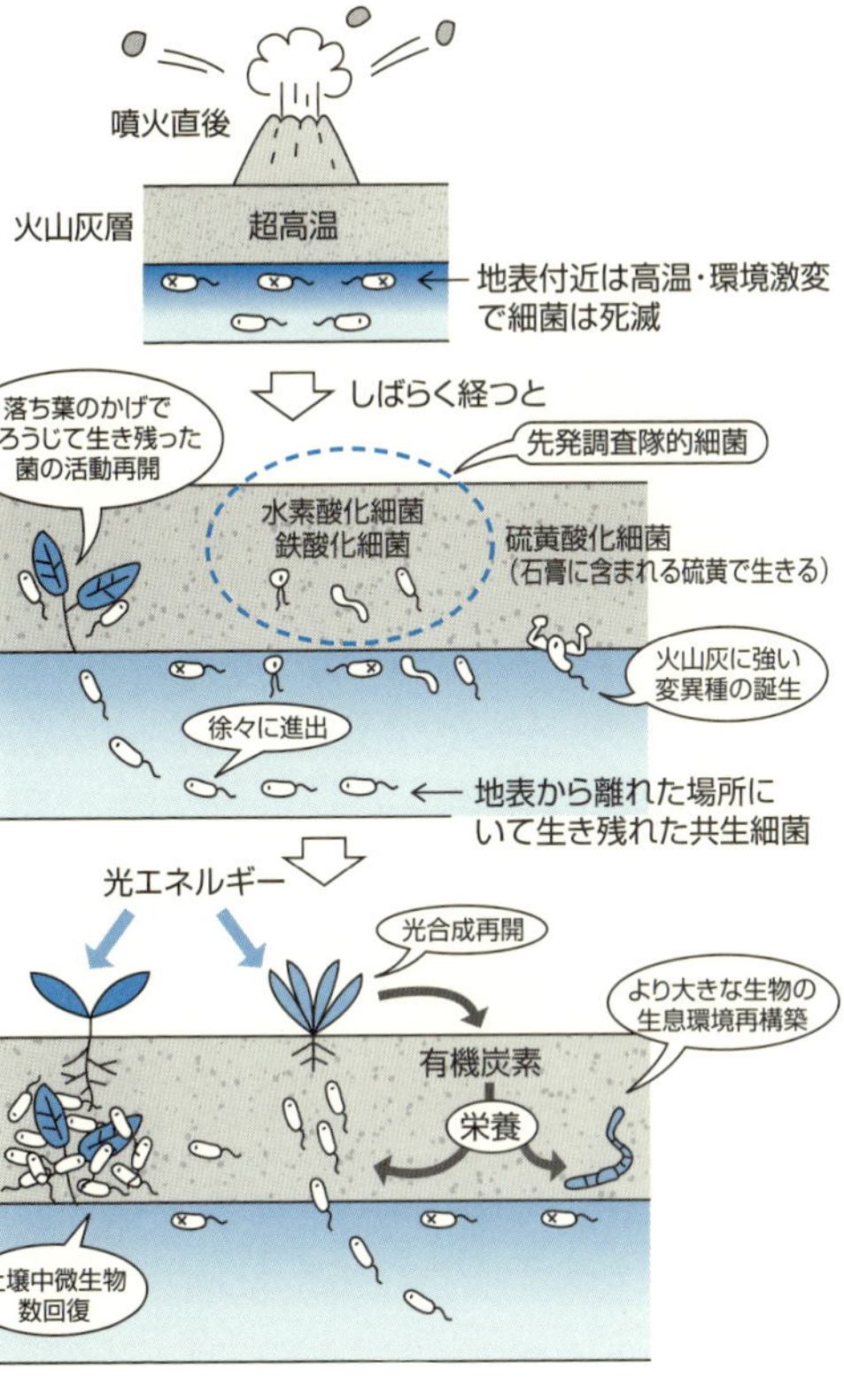

図25
噴火からの土壌細菌相復活プロセス

ミクロなコラム①

秦の始皇帝は細菌並みに水銀がお好き？

水銀は、この世で唯一の常温常圧で液体を保つ金属です。その不思議な性質と銀のような光沢を放つことから、古代では不死の薬として珍重されていたと言われています。

秦の始皇帝が紀元前221年に中国全土を統一した後、不老不死の薬を探し求めることに没頭したことは有名です。ある時、東方にあるとされる海に囲まれた国、蓬莱の仙人が住む三神山に不老不死の薬があると聞いた始皇帝は、徐福という者を東方へ派遣しました。徐福が向かった蓬莱国は日本であると伝えられていて、九州各地や和歌山県など全国数十の地域に徐福伝説が残されています。一説には、三神山は富士山のことであり、死なない山「不死山」が富士山の名前の由来である、と言う話もあります。

徐福の出発後、程なく始皇帝は病死してしまい、結局始皇帝の元に戻ることはありませんでした。この晩年、ある学者から水銀が不老不死の薬であると聞かされた始皇帝は、その言葉を信じて水銀を飲み続けたとも言われています。始皇帝は紀元前210年に死去しましたが、その死因は水銀中毒だったのかもしれません。

ちなみに、日本国内に伝わる徐福に関する伝説の中の一つに、日本の稲作と徐福の関係があります。

徐福は中国を出るとき、稲など五穀の種子と農耕機具を持って出たと言われます。一般的に稲作は弥生時代初期に大陸から日本に伝わったとされ、ちょうど徐福が日本に来た時代と重なるのです。不老不死の願いが日本へ稲作文化を伝えた可能性もあると考えると、なんだか歴史のロマンを感じますね。

和歌山県新宮市にある徐福像と不老の池

（提供＝663highland）

第2章

人と体と細菌と

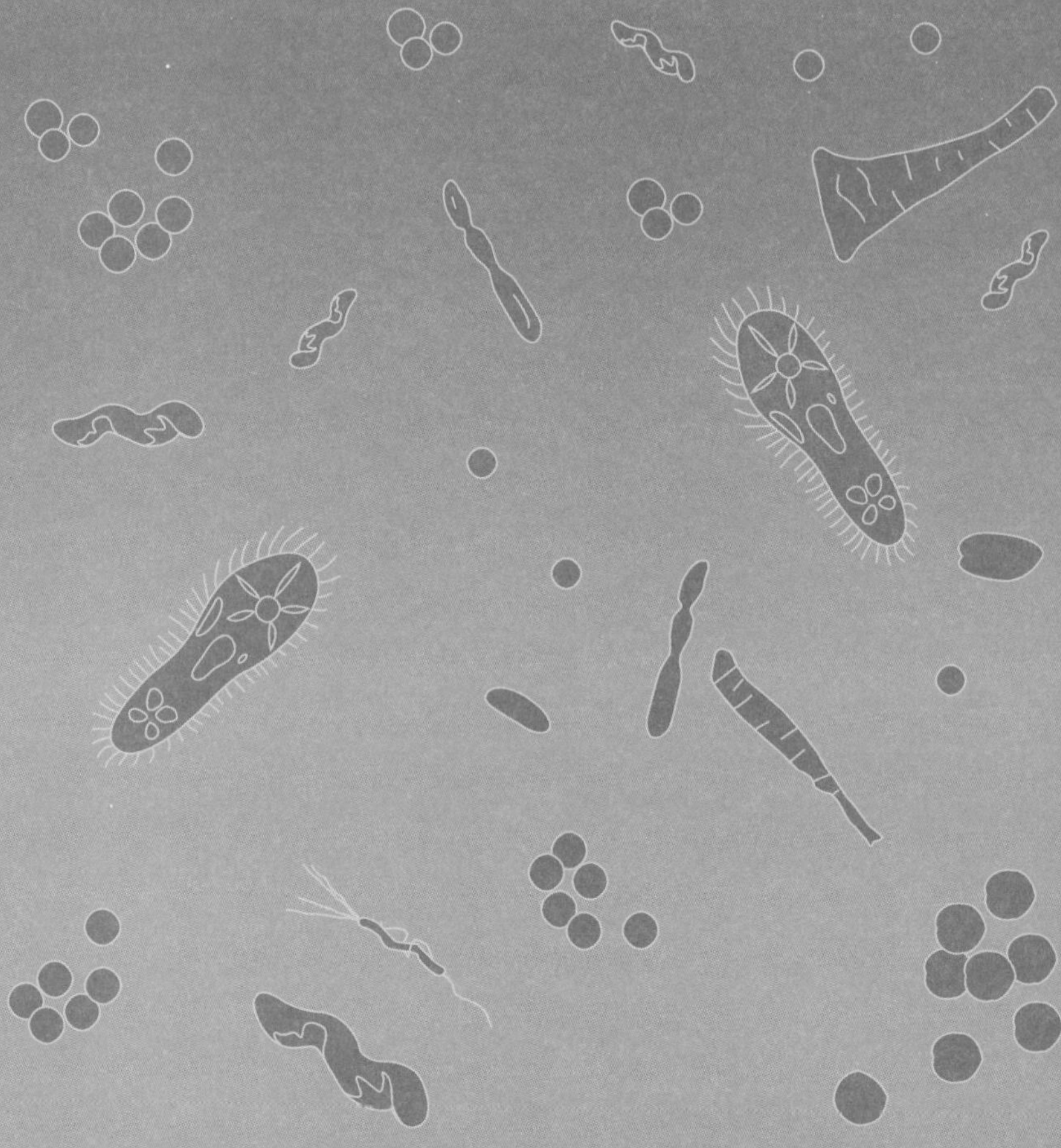

2-1 細菌の住む場所

私たちの生活環境で、細菌が最も密集して生活しているのは、土壌中です。畑のように養分豊かな場所の土壌には、土1グラムあたり数千万個から数億個もの微生物が生息しています。砂漠の砂は、仮死状態で生きながらえている細菌がわずかにいるものの、活発に活動している細菌はほとんどいないためサラサラしていますが、よい畑の土はホクホクしています。これは、細菌の持つ粘性が土壌を団粒化しているためで、植物が生育するために必要な保水性や通気性などを高めています。これらの細菌は、土質を改良するだけでなく、空気中の窒素を土の中に取り込んで植物に供給したり、動植物の遺体を分解して、次世代の生き物のために養分を供給しています。

土壌中の細菌は、雨水に流されて川や湖へ移動したり、風によって砂と共に空中に巻き上げられたりして、意外とダイナミックに地球上を移動しています。

最近新たに発見された細菌のダイナミックな移動の例として、胃ガンの原因菌として悪者扱いされることの多いヘリコバクター・ピロリ（*Helicobacter pylori*）があります（図26）。ヘリコバクター・ピロリは私たちの胃の中に生息している菌なので、空を風に流されるはずもなく、宿主が土左衛門にでもならない限り海流に乗ることもできませんので、そう大して移動できないはずです。しかしこの細菌は、太古の時代から実に長い年月をかけて、私たちのおなかの中に入ったまま地球上を大移動していることが、最近の研究でわかってきました。

人に乗って移動する細菌

太古の時代というのはどれくらい前のことなのかと言えば、それは5万8千年前に遡ります。人類の起源を説明するミトコンドリアのイヴ説によれば、私たち人類は、ある時期アフリカを脱出して世界中に散らばっていったとされていますが（図27）、ちょうど時期を同じくして、ヘリコバクター・ピロリは人間に感染したことになります。

ミトコンドリアとは、私たちの細胞の中に存在する細胞内小器官と呼ばれる構造体です。ミトコンドリアは、生物がまだ単細胞だった時代に共生した別の生物だったとされていて、元々自分で持っていた遺伝子の大部分を宿主の細胞にゆだね、その遺伝子は宿主の母親から子どもへ受け継がれます。このため、ミトコンドリア遺伝子を調

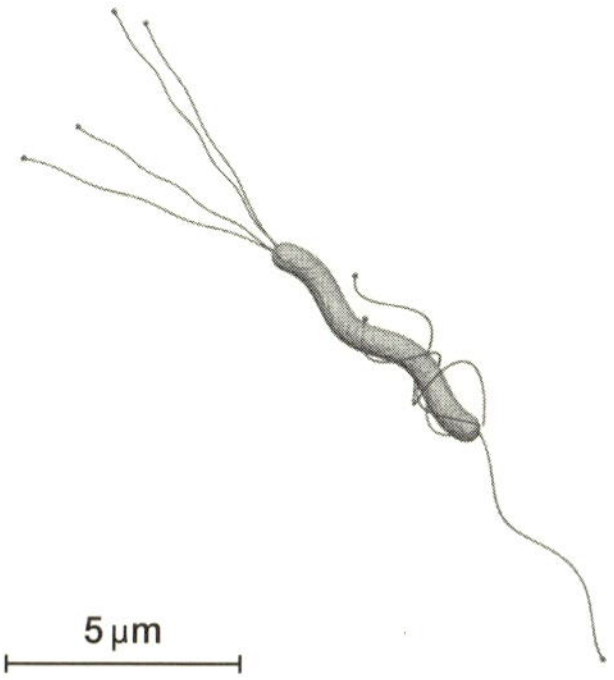

図26
ヘリコバクター・ピロリ
〔提供＝旦部幸博（滋賀医科大学）〕

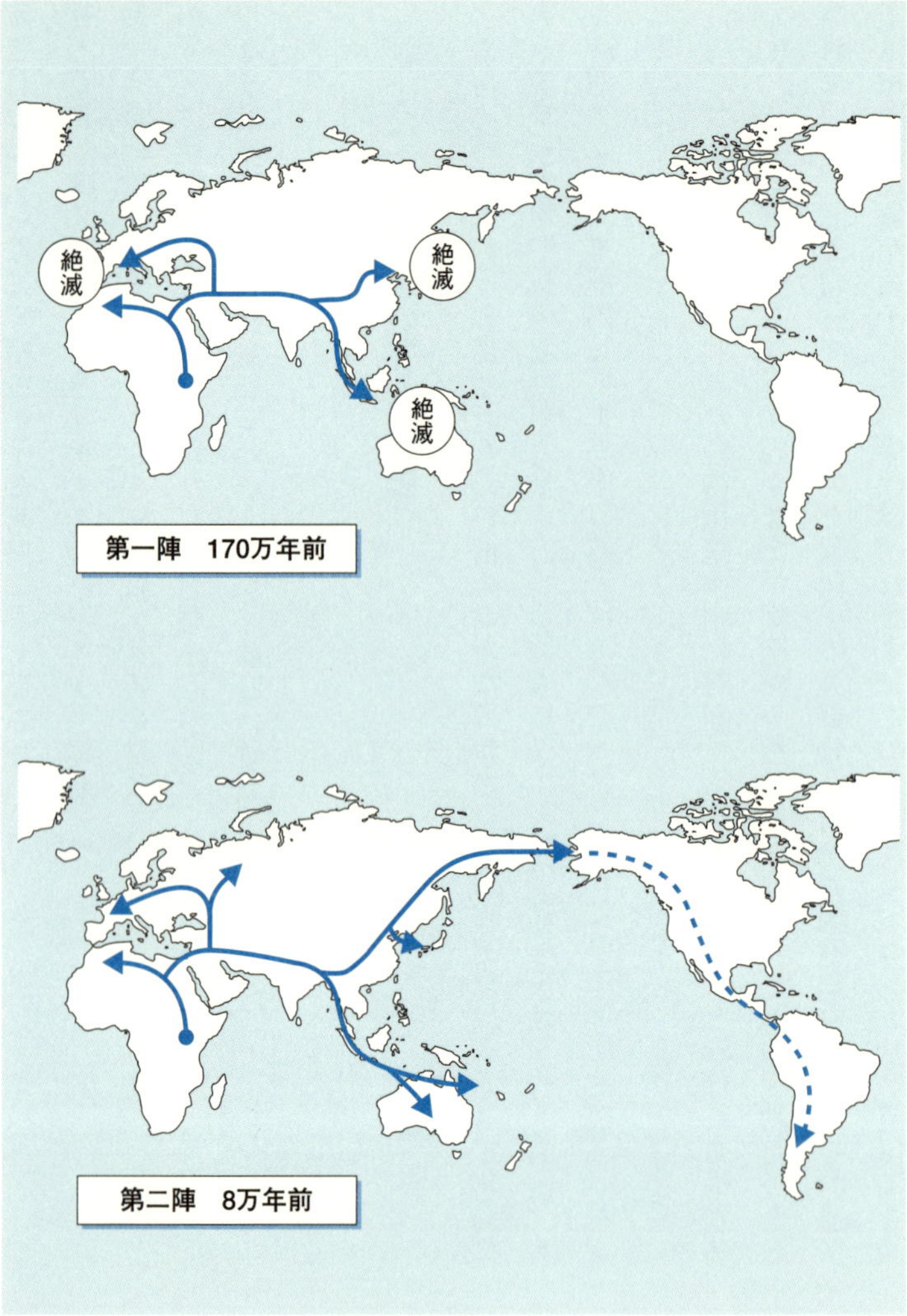

図27
人類のアフリカ脱出（アフリカ起源説）

べれば、母方の系図が解明できます。こうした性質を利用して、世界各地の人種の類縁関係をたどっていき、人類の家系図といえるものを作成した研究者がいました。

この研究によると、全ての人類の持つミトコンドリアは、アフリカのある女性が由来であることがわかりました。そこで、創世記にちなんでこの女性をイヴと仮称し、アフリカ由来の人類の系列をミトコンドリアのイヴ仮説としました。

ヘリコバクター・ピロリについても、遺伝子の微妙な違いで系統樹を作成する手法を適用すると、私たちにこの菌がいつ感染して、どのような経路で世界中に広がったのかを予測することができます。現在の世界各国の人類がおなかに飼っているヘリコバクター・ピロリは、地域ごとにすでに遺伝子に大きなバリエーションが生じていることから、人類がこの菌に感染したのは、はるか昔であることが予想されます。ヘリコバクター・ピロリの遺伝子変異と、実験結果から予想される変異速度から逆算すると、感染は5万8千年前。感染した場所は東アフリカという結果が得られました。[④] また、ヘリコバクター・ピロリの遺伝子は、人間の遺伝子よりも変化が生じる速度が速く、数千年の世代の違いがあれば遺伝子の違いを確認できます。そのため、人類の系譜を調べるには、現在広く行われているミトコンドリアの遺伝子を調べる方法よりも、ヘリコバクター・ピロリの遺伝子を調べた方が、より正確な情報が得られると考えて

④Nature, Vol.445, No.7130, 22 Feb. (2007)

いる学者もいます（図28）。

成層圏から地上に広がる細菌の世界

私たちの体に住んでいる菌はヘリコバクター・ピロリだけでなく、膨大な量の腸内細菌や皮膚の常在菌など、細菌の生息範囲は全身に及んでいます。そんな細菌まみれの私たち人間は地球の表面に張り付くように生きていますが、細菌は地球上にどのくらいのスケールで広がっているのでしょうか。

上空は、高度30キロメートル程度が微生物が存在する上限です。ただ、これほどの高度では細菌はほとんど見つからず、マイクロバス程度の空間（40立方メートル）あたり1個の細菌がいる程度です。ジェット機の飛行高度付近の高度10キロメートルまで下がると、細

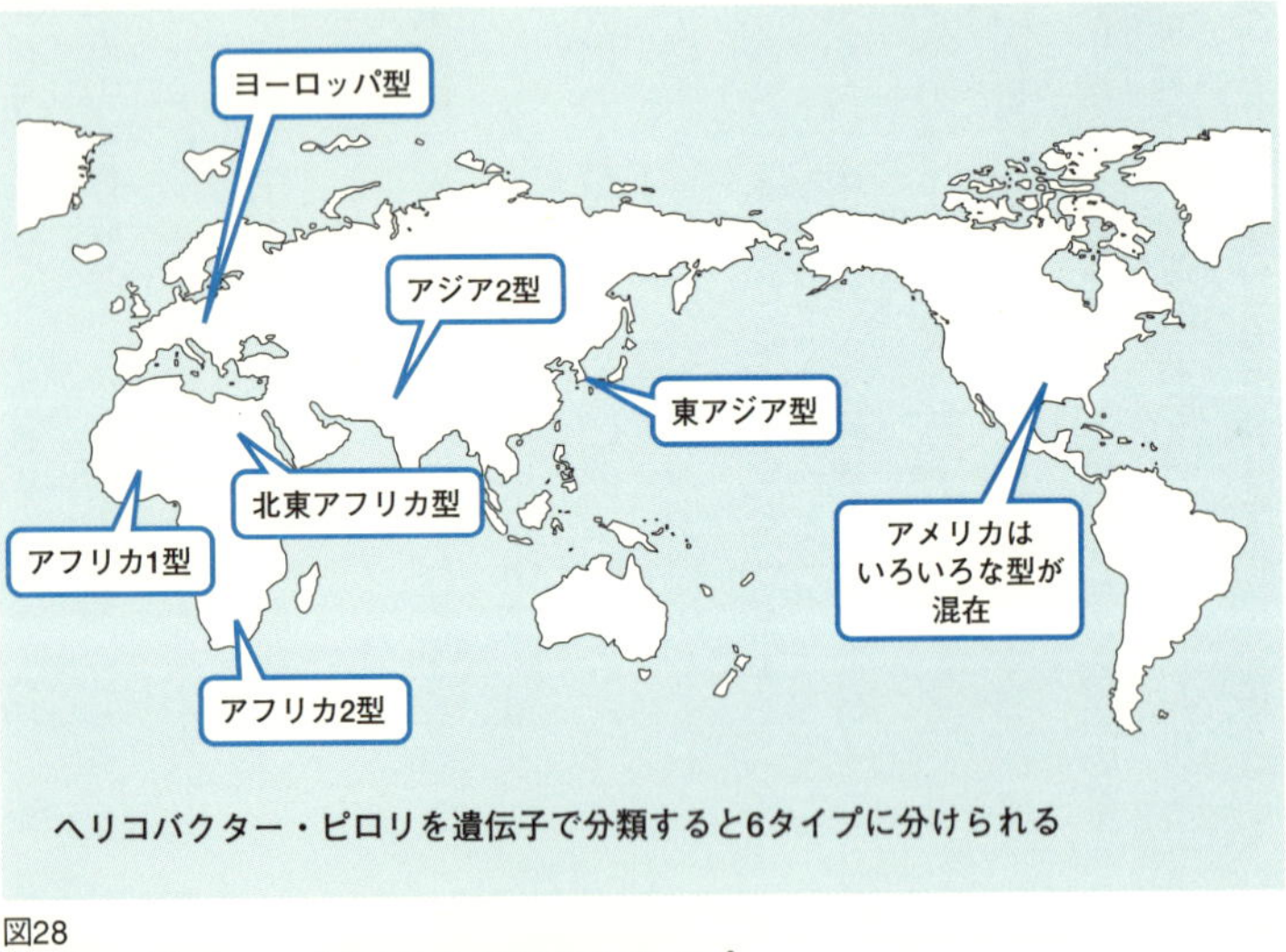

図28
ヘリコバクター・ピロリの大陸別６タイプ

菌の数はだいぶ増えて、一辺1メートルのサイコロの体積あたり1〜2個になります(図29)。ただし、細菌はこのような高度を好んで生息しているわけではないようで、活動を休止した芽胞と呼ばれる状態にあると考えられます。

地表付近まで降りてくると、ありとあらゆる種類の細菌が存在しています。大阪市

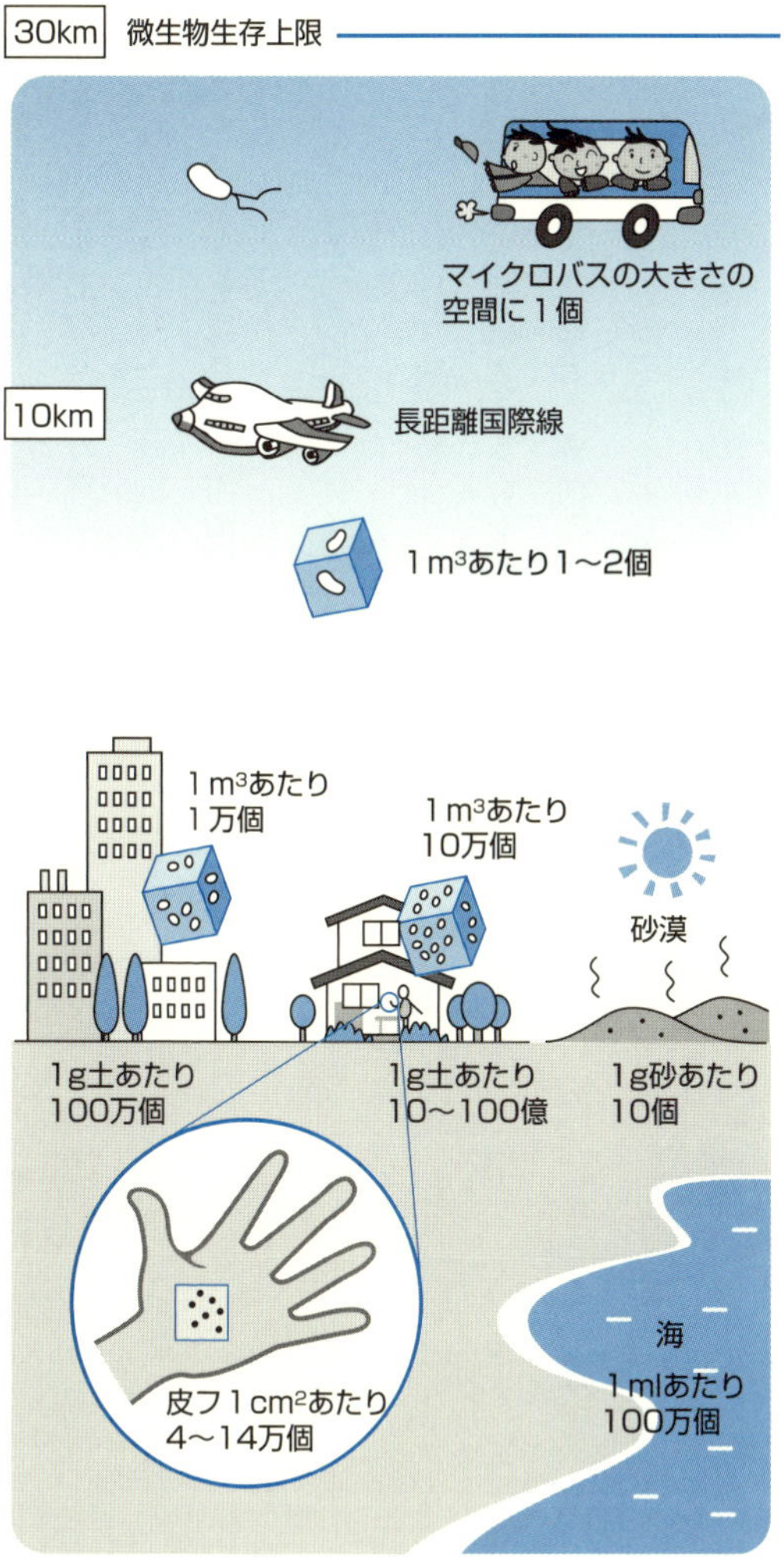

図29
地球上の細菌生息数

立環境科学研究所の調査によると、カビや酵母も含めた微生物の数は、都会の街路で1立方メートルあたり1万個、一般住宅内では最高で10万個も検出されたそうです。屋外では巻き上げられた土壌細菌が多数確認されますが、屋内では人間からはがれ落ちたアカやフケなどにたくさんの細菌が付着しています。

地下にも海底にも……

地下についていては、地表数メートルの植物の生息圏より下には、細菌はほとんど生息していないと以前は考えられていました。しかし、最近の研究によって、地下には地上や水中を越える膨大な細菌圏が広がっていることが、ほぼ確実になっています。

地球の生物圏の中で調査が最も遅れていたのがこのような地底の生命圏だったのですが、最近では最も注目度が高いのが海底下生命圏です。同じ地底といっても大陸の地下と海洋の地下ではかなり様相が異なります。大陸の地下は非常に厚く硬いため、極端な地殻変動はめったに起きません。生物が生息するためには熱が必要ですが、地表から熱源のマントルまでは30キロメートルから60キロメートルも離れています。

一方、海洋底は海嶺からのプレートのわき出しと海溝への沈み込みなどダイナミックに活動しており、しかも場所によっては数キロメートル掘ればマントルに到達する

●**海底下生命圏**
国際海洋計画（ODP:Ocean Drilling Program）において2002年に実施されたペルー沖及び南太平洋赤道域での掘削航海調査が、海底下生命圏の解明を目的とした初めての掘削だった。

ほど地殻が薄いので、熱源も豊富です。しかし、20世紀後半の海底掘削で生物が発見されるまで、このような低温高圧で酸素も二酸化炭素も太陽光もなく、さらに物質循環もほとんどないと思われていた環境で、生物は生息できないであろうと考えられていました。ところが、海洋底を深さ1キロメートルまで掘削して海底の土砂を採取し、その中の細菌数を数えたところ、1センチ角のサイコロ大の土砂の中に1万以上の菌が生息していることがわかりました(図30)。

よくよく調べてみると、海底下の地面は多くの水分を含んでいて、有

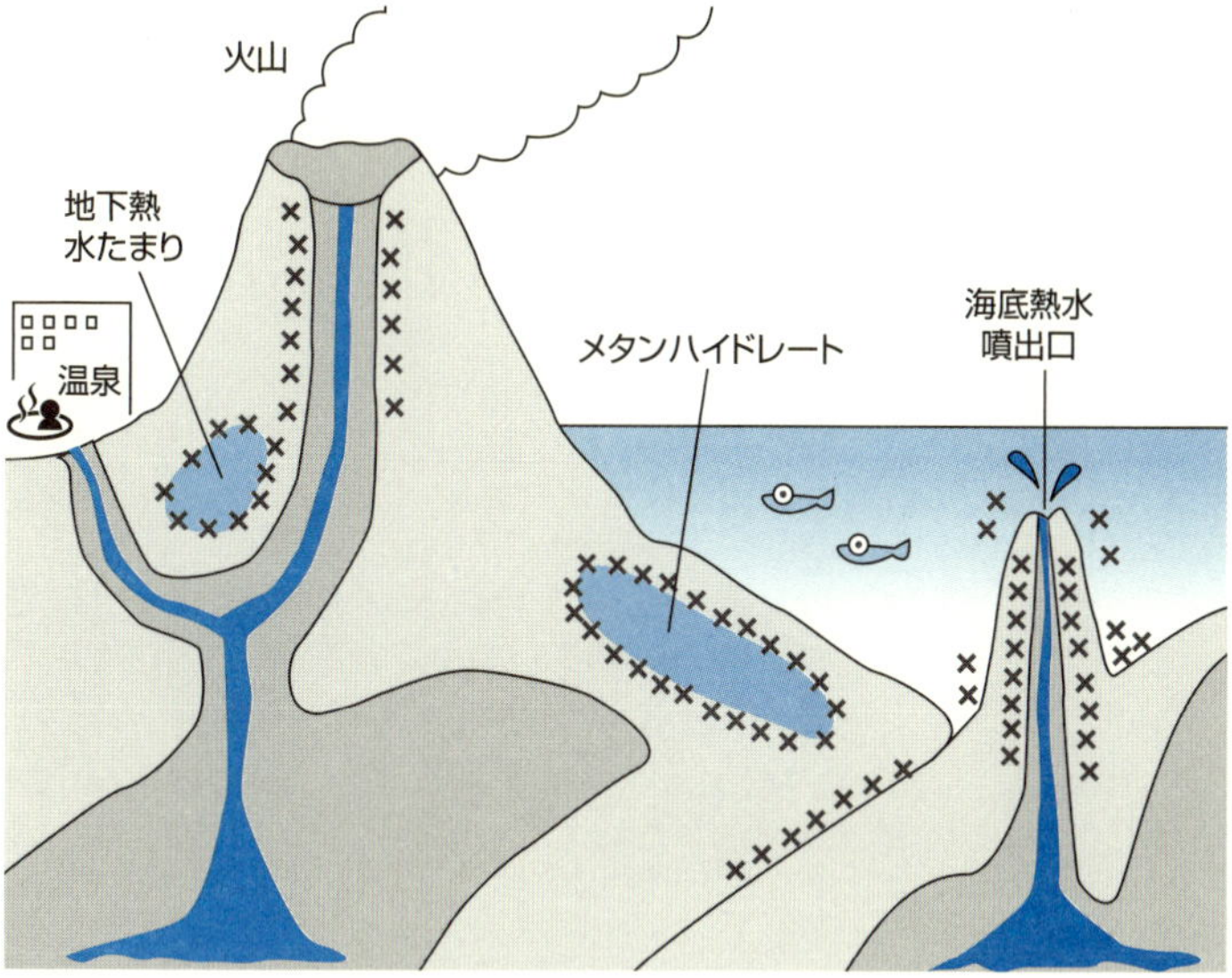

図30
地球内部で細菌が生息している場所

×=細菌が特に多い所
熱源の近くや、地下熱水溜まり、メタンハイドレートなど特殊な環境に多くの細菌が生息する。ただ、それ以外にも地殻内全ての場所に細菌が生息していることが、最近の調査でわかってきた。

機物やメタンなどの炭化水素、硫黄やアンモニアなどのイオン、鉄やマンガンなどの生命の維持に必要なほとんどの成分が、豊富に溶け込んでいることがわかりました。ただし、酸素濃度は非常に低いので、酸素を必要とせずに生息できる細菌しか生きられません。

また、海底には次世代エネルギーの一つとして期待されているメタンハイドレートが次々に発見されていますが（図31）、その周辺には海水由来の硫酸とメタンハイドレート由来のメタンを栄養源として生きる未知の細菌も大量に見つかりました。さらに、これら大量のメタンは細菌の活動によって形成されたと考えられ、海底にはメタンを炭素源とした巨大な細菌生命圏が存在していることが明らかになってきています。

このような特殊環境に生息する細菌の遺伝子を調べたところ、これまで知られている細菌の遺伝子とは全く異なり、ほとんどは新種でした。どうやら、メタンハイドレート周辺に限らず海底下のあらゆる場所に[⑤]、私たちの全く知らない細菌の巨大な生息圏があることは、ほぼ間違いないようです。

⑤『化学と生物』Vol.45, No.2, pp.111–118, (2007)

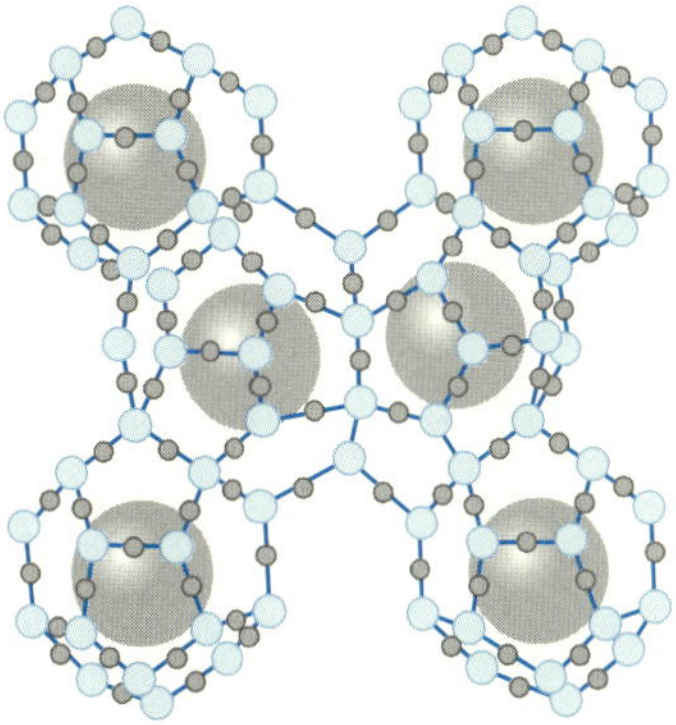

メタンハイドレートの分子構造

●はメタン分子、○は酸素原子、

•は水素原子を表す。

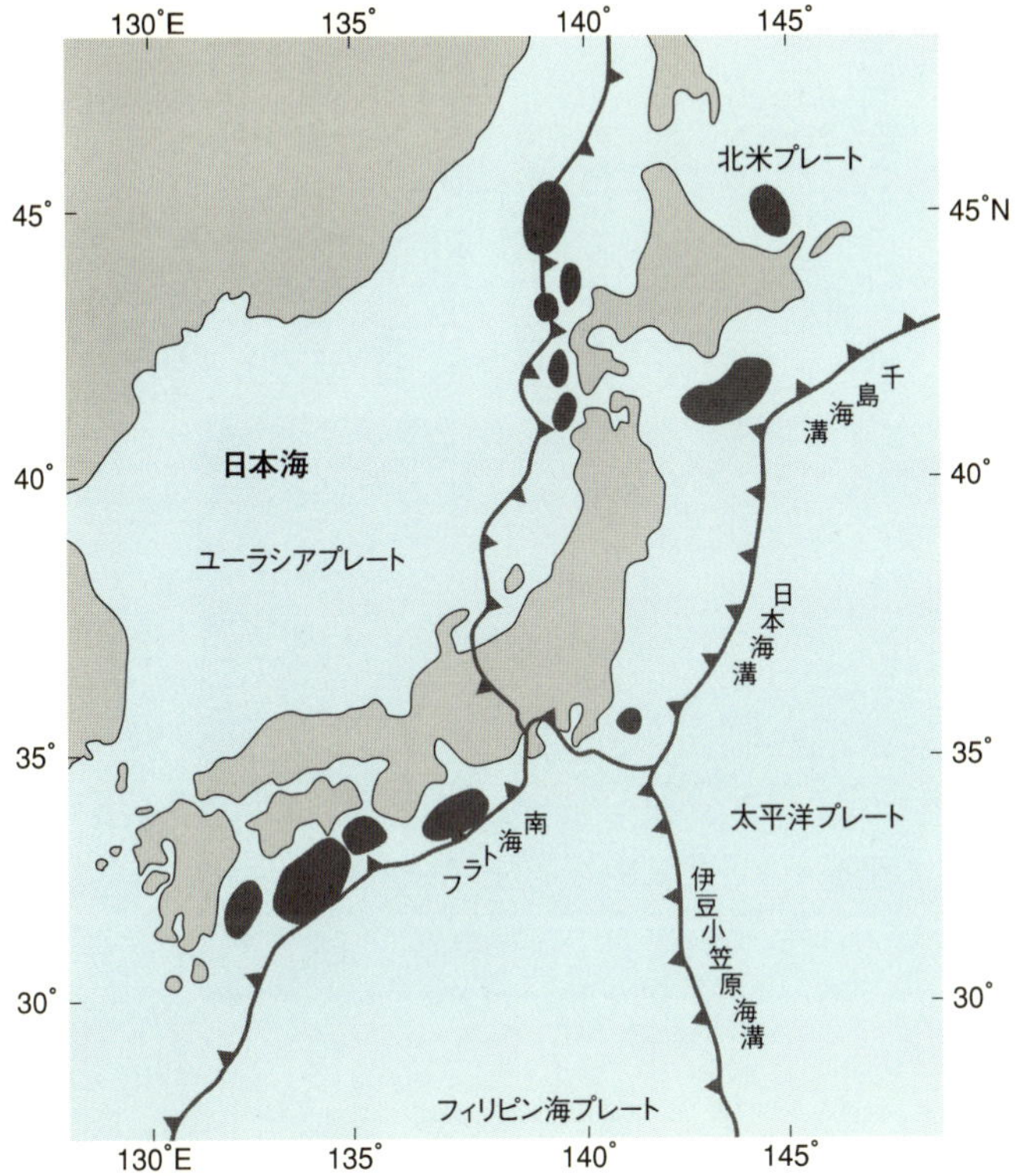

図31

日本近海のメタンハイドレート分布

（提供：独立行政法人産業技術総合研究所）

2-2 人間の体内に住む細菌たち

私たち人間の体内には、いろいろな細菌が住んでいます。この細菌の中には、腸炎ビブリオ（写真32）、ブドウ球菌、サルモネラ菌などのように食中毒の原因物質を作ってしまう困ったチャンもいますが、ほとんどの菌は人間にとって無害です。中には、人間が作ることのできないビタミンを作って私たちに供給してくれたり、有害な菌から体を守ってくれるなど、私たちの健康な体を維持するために欠くことのできない大切な役目を果たしてくれる細菌もたくさんいます。

私たちの体には、確認できているだけで2千種類以上の細菌がいます。現在の技術では確認することができない特殊な細菌も多数生息していると考えられるため、この数は今後、細菌の研究手法が発達するに伴って増えて

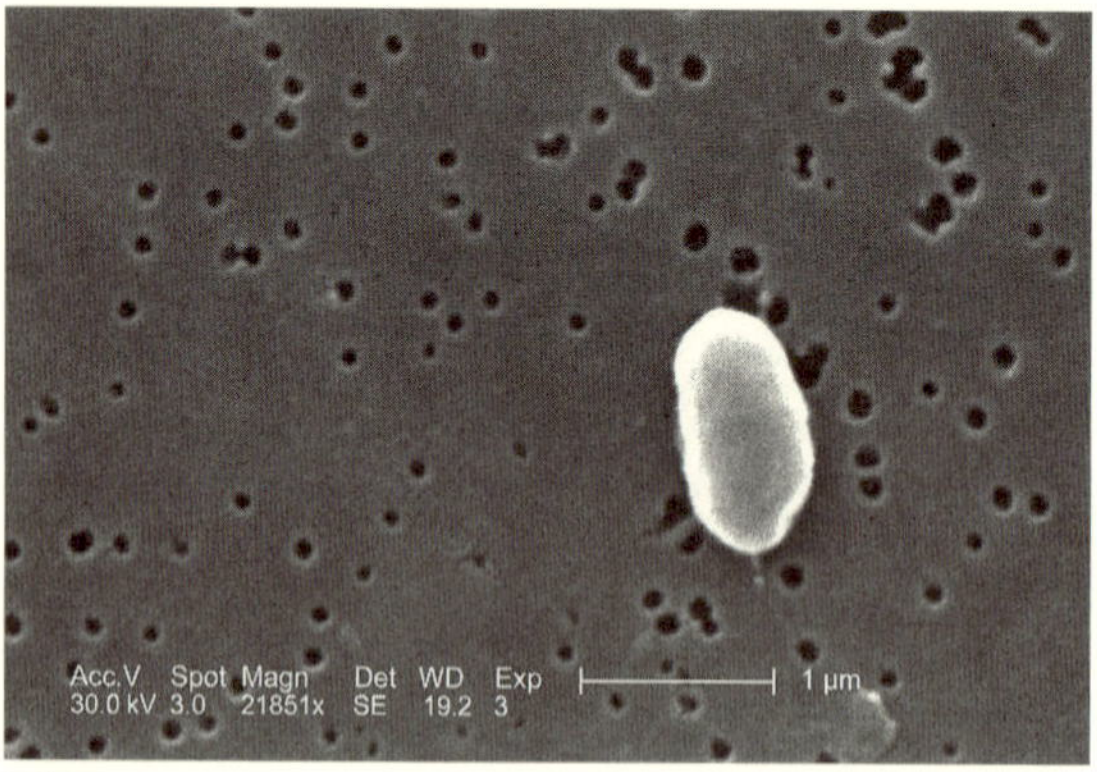

写真32
腸炎ビブリオ

腸に生息する細菌の一つ。激しい下痢を引き起こす。
（提供＝CDC/Janice Carr）

くるものと思われます。私たちの体で最も多くの種類の細菌が生息しているのが腸内で、５００〜１千種類以上います。次いで口の中に５００種類以上、皮膚に数百種類の細菌が暮らしています。

人に乗って移動する細菌

腸内に生息している細菌は糞便となって体外に放出されますが、糞便１グラムの中には、なんと１兆個[⑥]もの細菌が含まれています。糞便というと食べ物のかすというイメージがありますが、むしろ正確には菌団子です。糞便重量から細菌数を概算すると、腸内には１００兆個から１千兆個の細菌がいることになります。人間の体が60兆〜１００兆個の細胞でできていることを考えると、腸内で生活している細菌の数は、人間全体を構成する細胞数よりもはるかに多いということになります。

細菌の増殖速度は非常に速いので、糞便として大量に放出されているにも係わらず、腸内の細菌が枯渇してしまうことはありません。例えば、腸内細菌の中では少数派なのに腸内細菌の代表格にされてしまっている大腸菌は、約30分で１個の菌が２個に分裂します（写真33）。１個からスタートして、30分で２個、１時間で４個、２時間で16個……と計算していくと、24時間後にはおよそ３００兆個にまで増えてしまうのです。

⑥『化学と生物』Vol.42, No.7, pp.468−473, (2004)

実際には、腸内細菌の増殖は人間の体調や栄養状況の影響を受けるため、便秘になったからといって、おなかの中から大腸菌が吹き出してくるようなことにはなりません。しかし、菌の腸詰めソーセージのような状態にはなってしまうため、そのような状態が健康に良くないことは、容易に想像がつくと思います。大腸菌は、他の腸内細菌によって作られたニトロソアミンや、焼き魚に含まれているといわれるベンツピレンのような発ガン性物質を分解するようなよい面もありますが、体調を壊している時の大腸菌は、腸内腐敗の原因菌となってしまうため、注意が必要です。

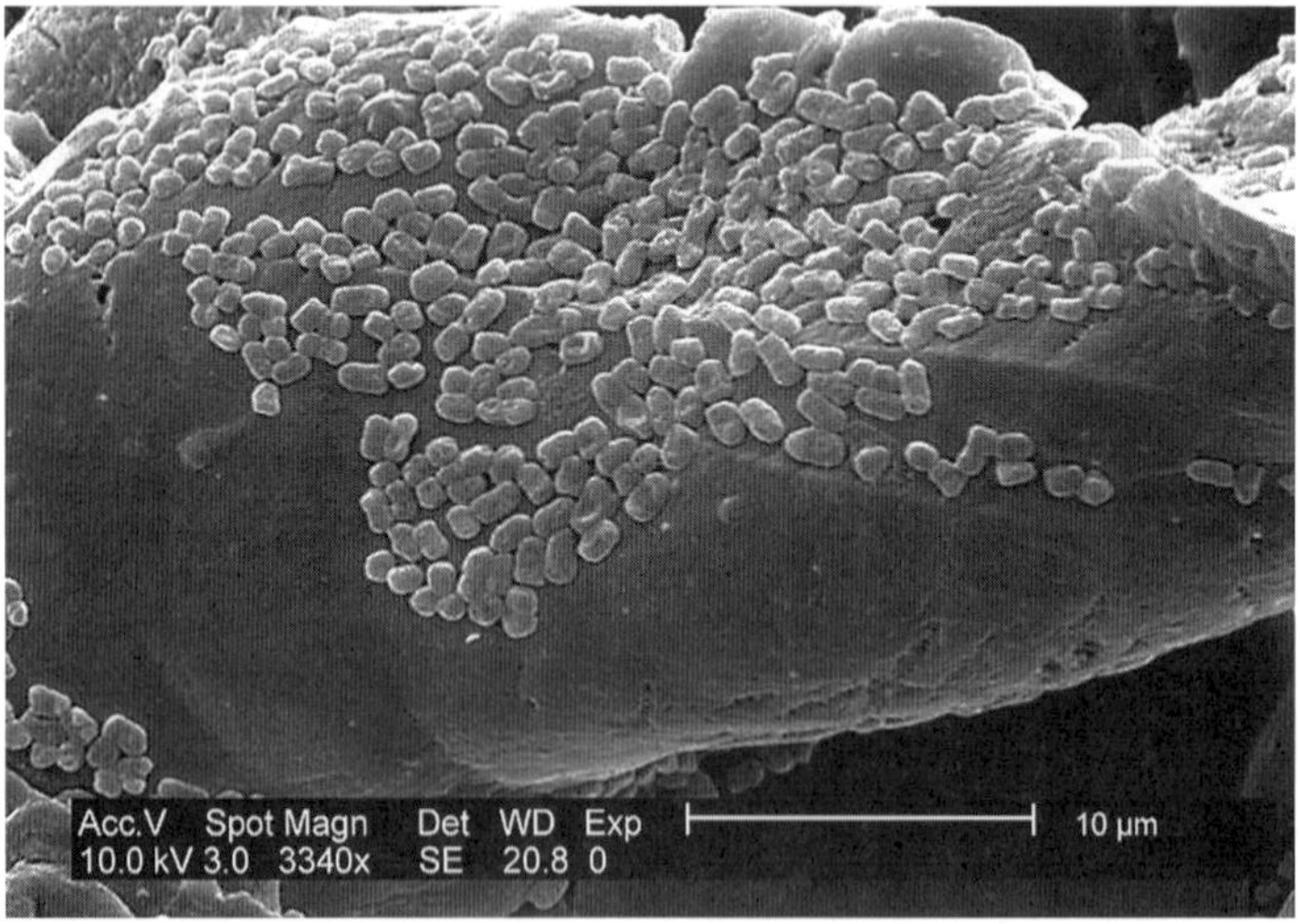

写真33
群生する大腸菌

ポリカーボネートの上に大量に付着している。
（提供＝CDC/Janice Carr）

腸内細菌が体重に影響？

腸内に住む細菌は、５００～１千種類以上です。しかし、その多くは腸から取り出すと死んでしまうため、腸内細菌の実態はあまり明らかになっていません。

腸内細菌の状態は一定ではなく、生活環境などの影響を受け様々に変化することがわかっています。この腸内細菌の変化が、栄養の吸収を左右して肥満に影響するのではないか、と考えている研究者もいます。例えば、マウスにメタンガス生成菌メタノブレビバクター・スミチ（*Methanobrevibacter smitii*）を飲ませると、この菌が他の腸内細菌の成長を助けることによって栄養の吸収が促進され、マウスが肥満することが報告されています。[7]

腸内細菌をエネルギー効率のよい菌と悪い菌に分類し、肥満との関係を調べたところ、肥満の人はエネルギー効率のよい腸内細菌群が多いことが確認されました（図34）。しかし、この実験結果は両者に相関があることしか示しておらず、肥満と腸内細菌の因果関係ははっきりしないのです。エネルギー効率のよい菌が増加したため太ったわけではなく、太ることで特定の菌が増えたのかもしれないのです。[8]

ただ、アブラムシの腸内細菌が宿主の食事をコントロールしている例が報告されて

⑦Samuel, B. S., "Proc. Natl. Acad. Sci.", 103, pp.10011－, (2006)

⑧Yoshi『蛋白核酸酵素』Vol.52, No.3, pp.267－, (2007)

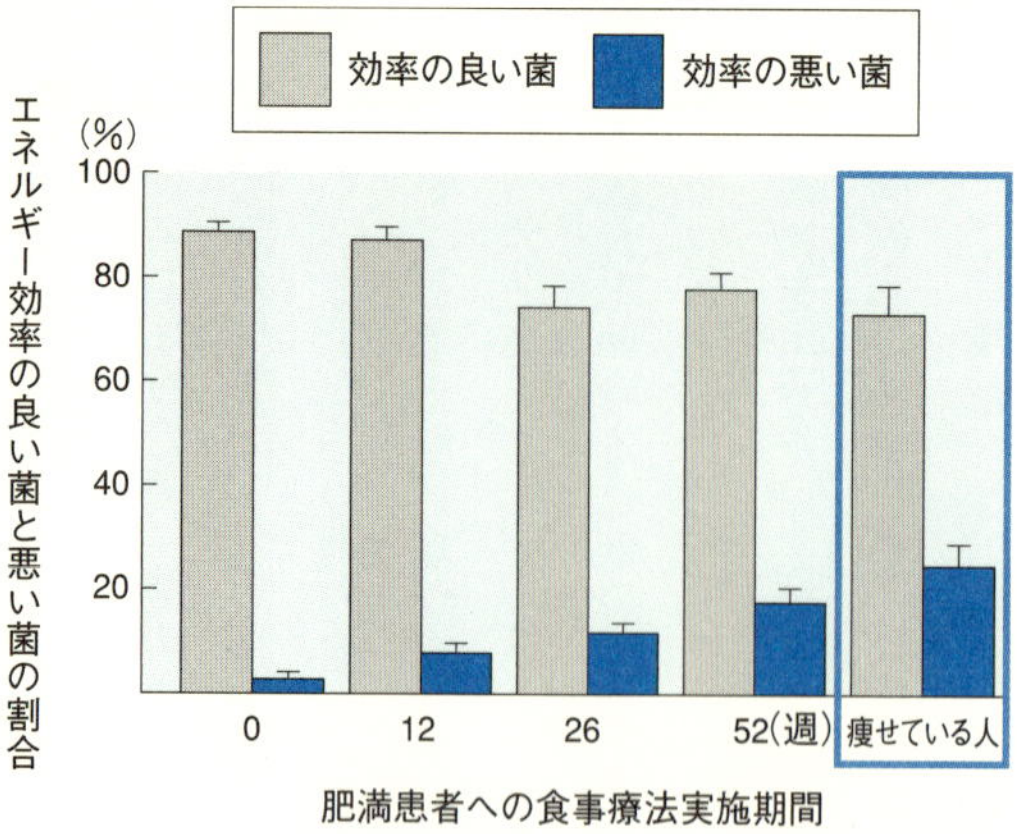

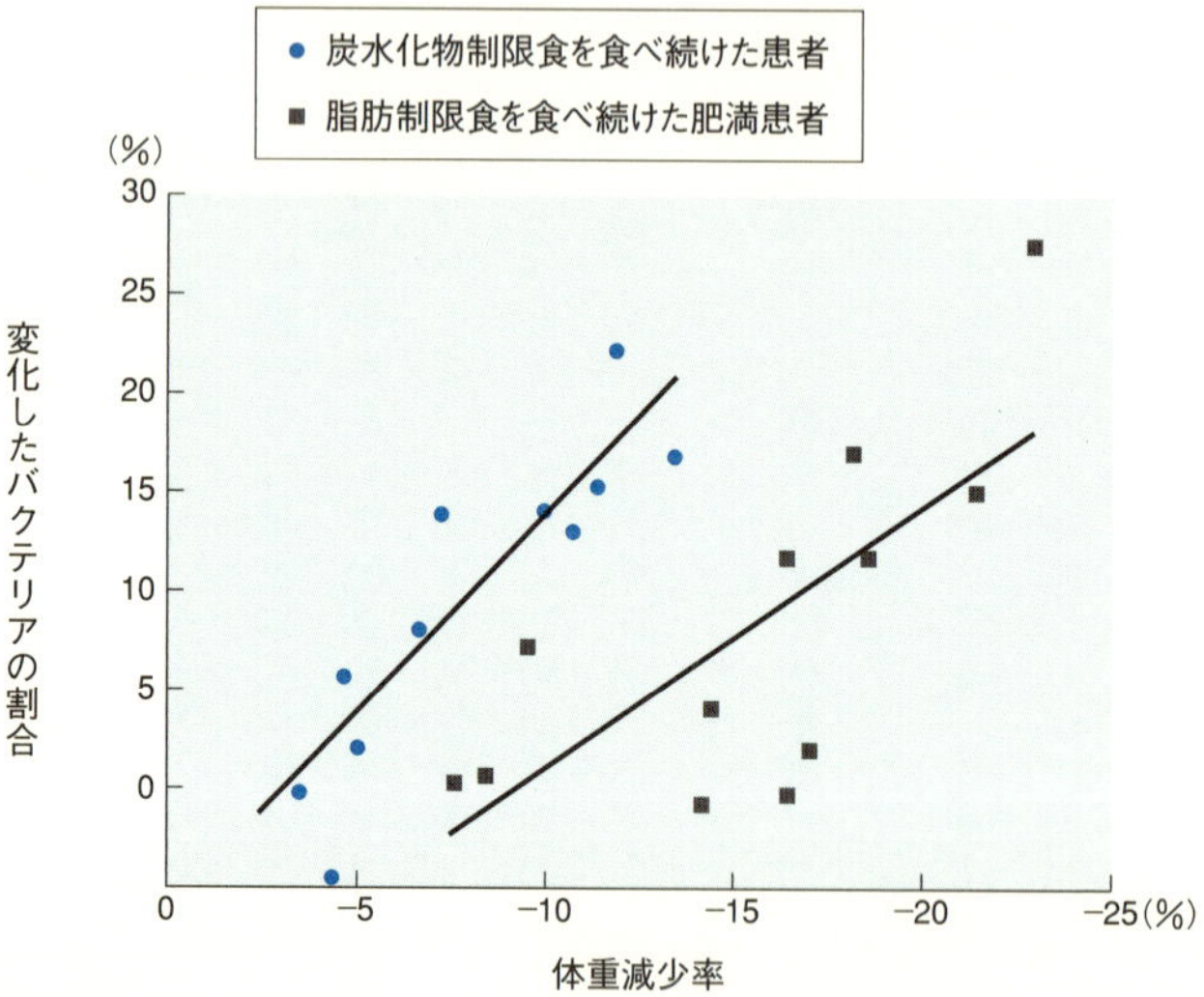

図34

肥満と腸内細菌群の関係

(上) 肥満患者の食事療法と腸内細菌の構成　(下) 体重減少と腸内細菌の変化率
肥満患者が食事療法を続けるとエネルギー効率の良い腸内細菌が増え、痩せている人の構成に近づいていく。また、体重の減少率が高いほど腸内細菌の変化率が大きい。肥満と腸内細菌には何らかの関係があるのかもしれない。

いることから、腸内細菌が人間の行動に影響を与えている可能性はあります（写真35）。将来、腸内細菌群がどのような性質を持つのかわかるようになれば、病気の診断や治療に、今以上に腸内細菌に関する情報が重要視されるようになることは間違いないでしょう。

写真35
人間と腸内細菌の好物
米国人は好むが、日本人には向かない食事。こうした人間の好物は、実は腸内細菌が決めているのかも？

2-3 細菌を飲む、そして健康になろう

「菌を飲む」と言うと、一瞬「え？」と思われるかもしれませんが、私たちは意外と日常的に菌を飲んでいます。そしてそれらの多くは、雑菌の感染防止や病気の予防など、私たちの体を健康に維持するために役立っています。

ヨーグルトで胃を守れ

人間と共に東アフリカを脱出して以来の長い付き合いとなるヘリコバクター・ピロリは、胃潰瘍の原因菌として知られています。日本では衛生状態の改善に伴い若い世代を中心に保菌率が低下していますが、東南アジアの諸国では現在でもほとんどの子供たちが汚れた水の摂取などでヘリコバクター・ピロリを胃の中に取り込んでしまい、将来胃の病気にかかってしまう危険性を高めています（図36）。ヘリコバクター・ピロリは抗生物質によって除菌することは可能ですが、耐性菌の出現や副作用などの問題があります。

そこでタイではヘリコバクター・ピロリの感染率が急激に上昇する3歳から6歳ま

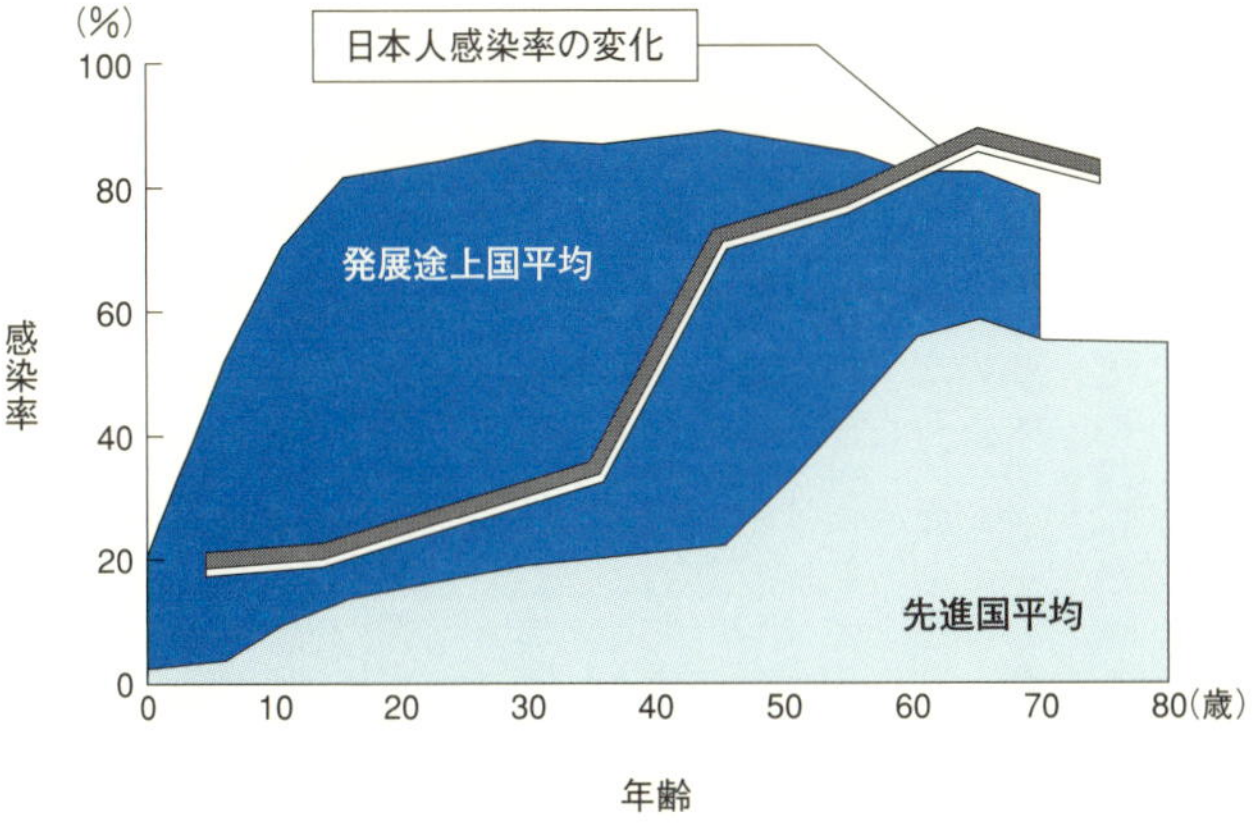

図36
先進国と発展途上国におけるヘリコバクター・ピロリの感染率

での子供たちに、LG21と呼ばれる乳酸菌を含んだチーズを食べさせることによってマイルドにヘリコバクター・ピロリを制圧し、将来の病気を予防しようとする試みがなされています。

LG21がヘリコバクター・ピロリに感染してる大人の健康状態を改善する効果があることについては、すでにいくつかの研究成果が報告されています。ヘリコバクター・ピロリと健康に共存している日本人成人を対象に、LG21が約10億個入ったヨーグルトを1日2個食べて、その効果を確認する実験を行ったところ、8週目で胃の粘膜の炎症が改善し、菌数も実験前の10分の1から100分の1に減少していることが確認されました。ただし、食べるのをやめ

●LG21
乳酸菌の一種で、ラクトバチルス属ガッセリー菌株のうち、明治乳業株式会社保有の菌株LG21菌のこと。この菌株は元々人の体内にある菌で、口から摂取することにより、菌体が胃内で生存しながら胃粘膜に接着し、乳酸を分泌する。

ると3カ月で元に戻ってしまったということで、効果の持続には食べ続ける必要があるようです。とはいっても、抗生物質ならば長期に使用すると問題が多く発生しますが、ヨーグルトは食べ続けても副作用は今のところ知られていません。

子供たちに対する予防的使用に関しては、日本においてもデータがありません。LG21を摂取して成長した子供たちの将来の健康に対する効果については、今後の研究の進展が期待されます。

最近注目のプロバイオティクスってなに?

LG21入りのチーズやヨーグルトのように、人間に対して健康上よい作用を示す細菌を含む食品のことを、プロバイオティクスといいます。

プロバイオティクスとして用いられる菌のほとんどは腸内細菌で、特に人間のプロバイオティクスとしては、人間由来の細菌が最も効果が高いことが知られています。腸内細菌の種類は膨大で、その全体像はまだ把握できていませんが、プロバイオティクスに用いられる細菌は、系統分類学的に素性の知れているものが使われます。

プロバイオティクスには、乳酸菌の仲間が多く含まれています。含まれている乳酸菌やビフィズス菌（写真37）は生きたまま腸まで届くことが確認されているのですが、これがまさにプロバイオティクスで、健康増進に役立つ生きた微生物です。言葉は難しく聞き慣れないものかもしれませんが、私たち消費者にとっては古くから身近なものでした。

腸に到達した菌の振る舞いとして、主に次の三つが挙げられます。一つ目は、腸の内側に菌のバリアを形成しサルモネラ菌などの有害な菌が腸に付着することを抑制する効果。二つ目は、有害な菌を破壊する抗菌物質を分泌したり、有害菌を取り囲んで増殖できないようにして撃退する効果、三つ目は、病原菌やウィルスなどの攻撃から体を守る免疫系を活性化する効果です。

プロバイオティクスの整腸作用は科学的に証明されていますが、その他にも多くの効果が期待できることが報告されています（図38）。

アトピー予防については、すでに腸内細菌がアレル

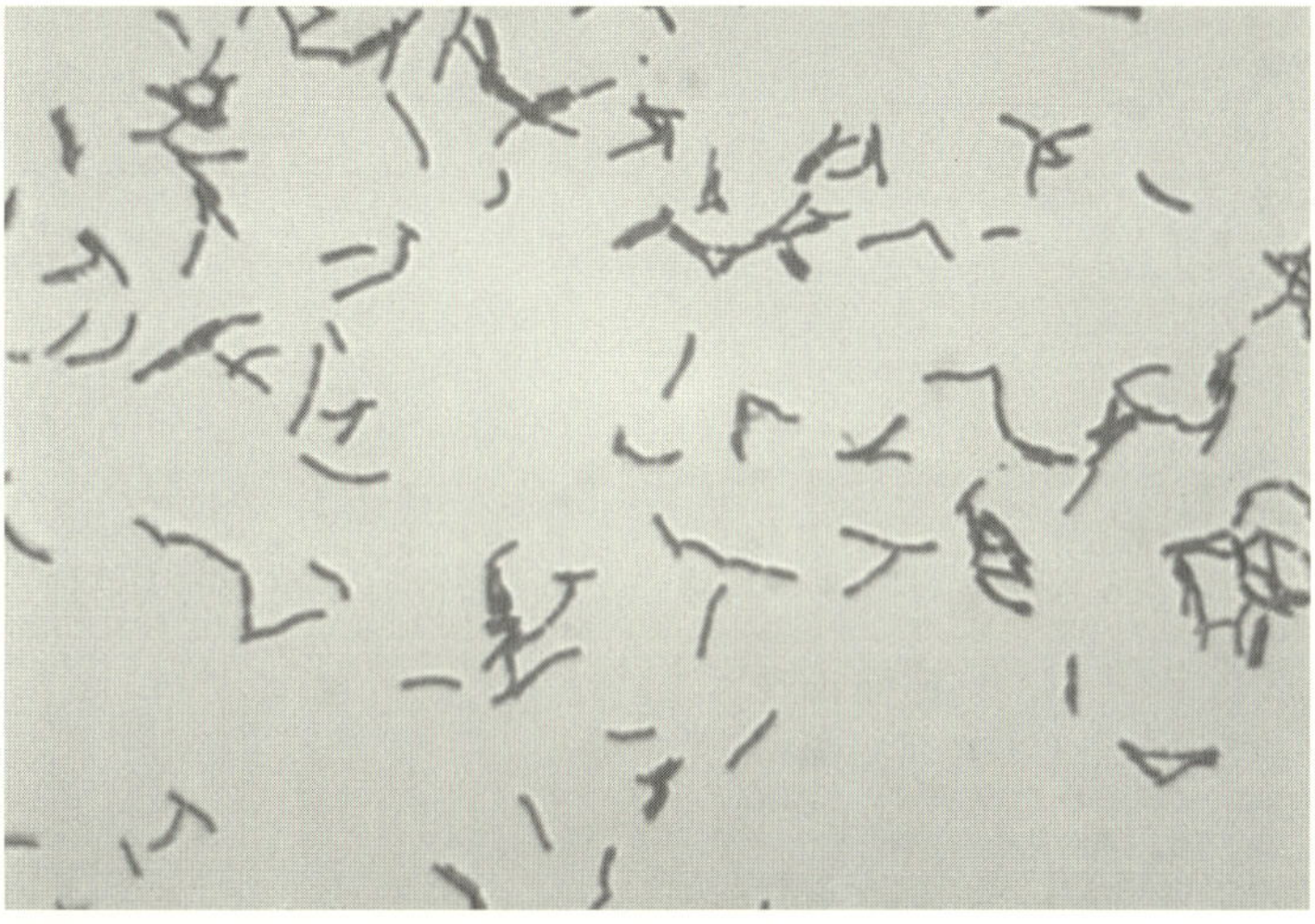

写真37
ビフィズス菌（*Bifidobacterium eriksonii*）
（提供＝CDC/Boddy Strong）

ギー症に重要な役割を持っていることを示唆する結果は得られており、乳児においては、アトピー性皮膚炎やミルクアレルギーがプロバイオティクスによって改善されることが予想されます。

今後有効性の証明が期待される
プロバイオティクスの効果

- アトピー予防作用
- 大腸ガン低減作用
- 過敏性大腸炎等軽減作用
- コレステロール低減作用
- 血圧降下作用
- ヘリコバクター・ピロリ抑制作用
- 花粉症抑制作用

図38
今後有効性の証明が期待されるプロバイオティクスの効果
〔『医学のあゆみ』Vol.207，No.10 （2003.12.06）より〕

アレルギー反応を軽減する乳酸菌

アレルギーとプロバイオティクスの関係は、特に注目されています。

プロバイオティクスがアレルギー反応抑制に効果があることは間違いないようで、腸内細菌を持たないマウスは免疫力を持っていません。さらに、小児アレルギー患者の腸内細菌群にはビフィドバクテリウムやラクトバチルスが少なく、患者にこれらの菌

⑨渡邉映理，白川太郎「アレルギー疾患予防への新展開〜プロバイオティクスの可能性」『腸内細菌学雑誌』，Vol.19，pp.31−38，（2005）

をプロバイオティクスとして与えるとアレルギー症状が低減されることが報告されています。

また、フィンランドの研究者は、プロバイオティクスの小児アレルギーに対する予防的使用は非常に効果が高い[⑨]という実験結果を公表しています。

両親や兄弟がアトピー性疾患を持つ乳児は、非常に高い確率で同様のアレルギー症状が出てしまいます。このような環境にある乳児へのプロバイオティクスの予防的効果を調べるために、乳児の出産直後からラクトバチルスGGというプロバイオティクスを誕生後6カ月間投与しました。その後2歳になるまで追跡調査を行ったところ、プロバイオティクスを投与した乳児のアトピー性皮膚炎の発症率は、投与しなかった乳児の半分に抑えられることがわかりました（図39）。さらに4歳まで調査を続けたところ、アトピー性皮膚炎の発症率は依然として出生直後にプロバイオティクスを摂取した子供の方が低く、プロバイオティクスによる腸内細菌の最適化はその後の成長過程においても有効で

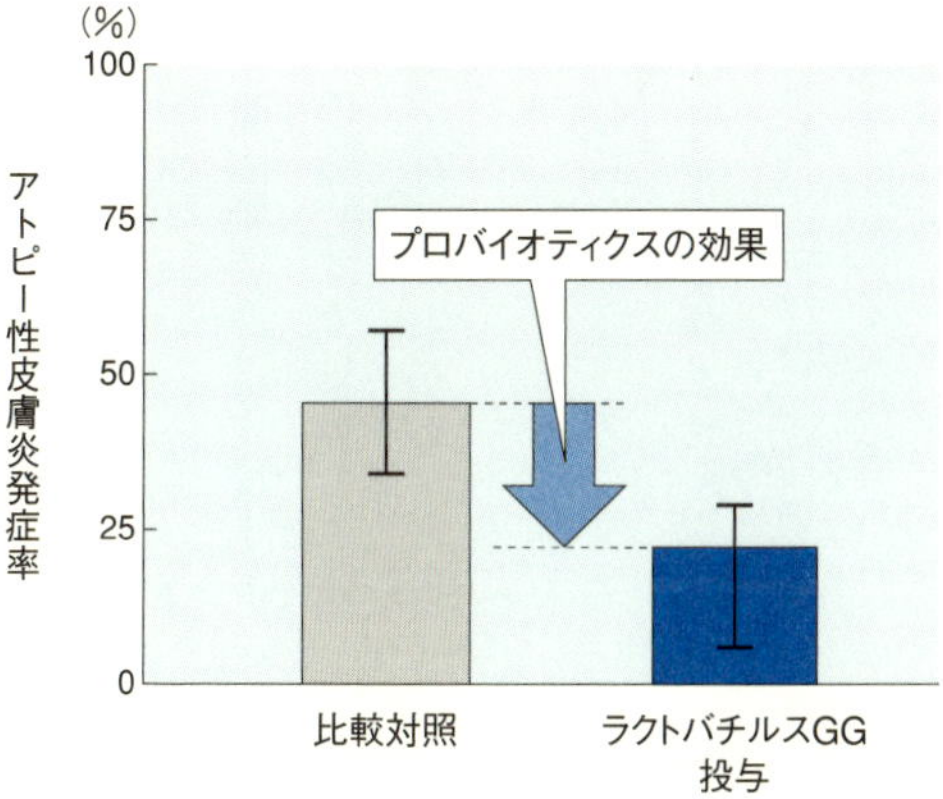

図39
２歳児におけるラクトバチルスのアトピー性皮膚炎への効果
〔Kalliomaki, M., *et al.*, （2001）より改変〕

あることがわかりました。さらに、皮膚刺激による食物アレルギー・環境アレルギー試験を行ったところ、誕生直後にプロバイオティクスを摂取した子供たちの方がアレルギー性炎症が出る確率が低いことも判明しました。

腸内細菌群の構成とアレルギーは、密接に関係しています。腸内細菌群は生後1カ月ですでにできあがっているともいわれているため、遺伝的・環境的にアレルギー性疾患の因子を持つ乳児に対しては、誕生直後からの予防的使用が有効であると考えられます。

ただ、プロバイオティクスの有効性には人種差がある可能性もあるため、フィンランドでの実験結果を、そのまま日本人に適用することはできないかもしれません。しかし、アレルギー症状に苦しむ子供たちやその家族にとっては朗報でしょう。

腸内細菌でガンを抑制？

高脂肪、高タンパク質、高カロリーの西洋食は、大腸ガンのリスクを高める可能性があります。脂肪を過剰に摂取する食生活を送ると、腸内細菌の作用で脂肪から発ガン性物質が作られてしまうことがあるためです。実際、腸内細菌を持たないマウスは大腸ガンの発症確率が半減したという研究結果も報告されています[10]（図40）。ガンは遺

⑩Kado, S. *et al.*, "Cancer Res.", 61, pp.2395−2398, (2001)

伝子の病気であることが知られています。しかし、遺伝子がその全てを決定しているわけではなく、腸内細菌の状態がどのようであるかによって、発ガン率が異なること

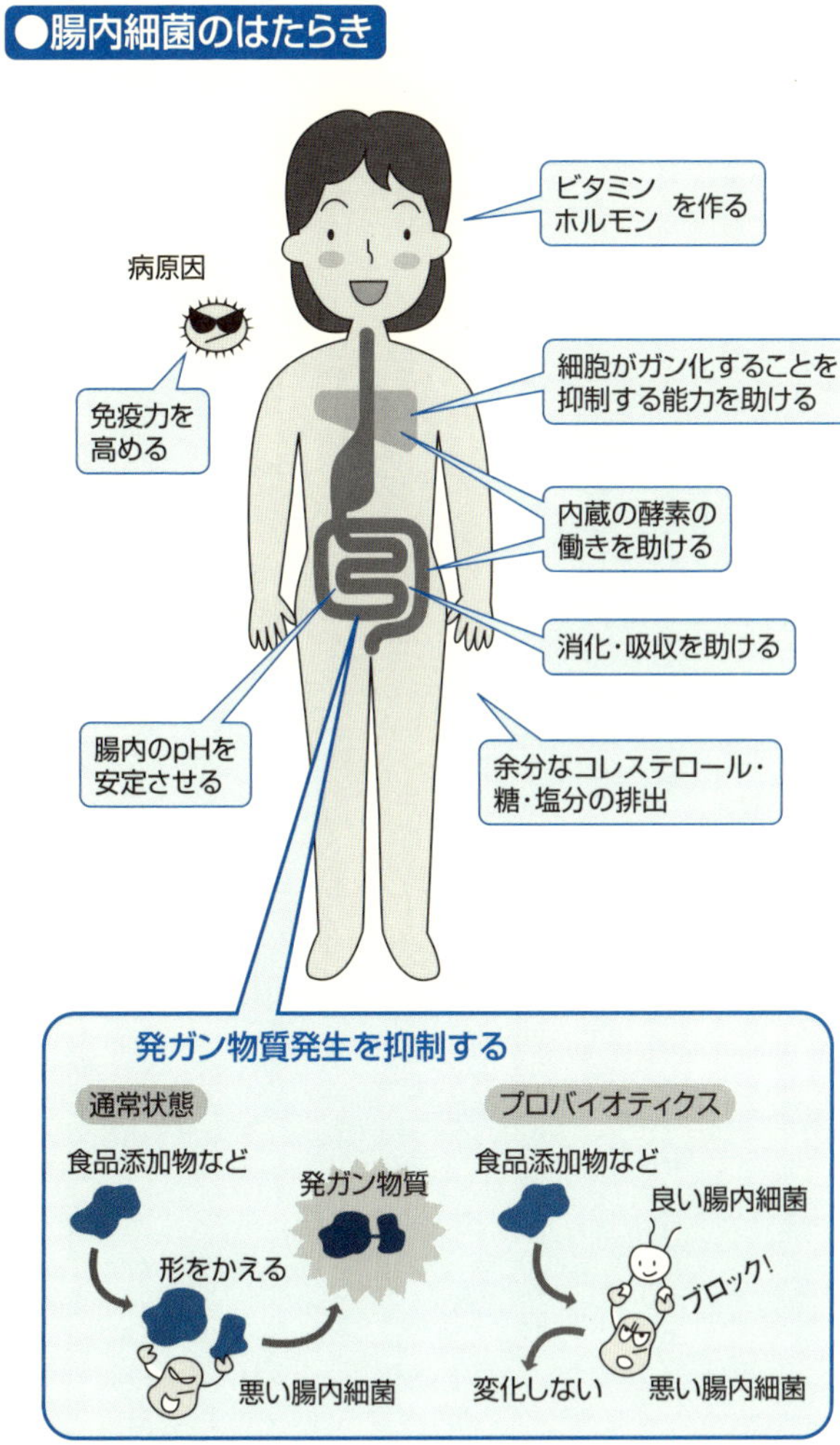

図40
腸内細菌の働き

は非常に興味深いことです。というのも、これを逆に利用すれば、腸内細菌をコントロールすることによって大腸ガンの発症を抑制できる可能性があるからです。

動物実験において、プロバイオティクスを与えることがガンを抑制、あるいは遅延させるという報告が数多くなされています。これは、プロバイオティクスが発ガン性物質を作り出す腸内細菌の活動を抑制することや、人間の細胞が元々持っているガン細胞を駆逐する能力を活性化する作用があるためであろうと考えられます。

プロバイオティクスの発ガン抑制効果は、大腸ガン以外の腫瘍でも知られています。その代表的な例として、実験動物を用いた発ガン誘導剤による膀胱ガンや、人での表在性膀胱ガンの切除術後の再発、さらに、コールタールから抽出される強力な発ガン剤であるメチルコランスレンをマウスに注射して発症する悪性肉腫などを、ラクトバチルス・カゼイ・シロタ〔(*Lactobacillus casei Shirota*)：通称ヤクルト菌〕を飲ませることによって抑制できることが報告されています[11]（図41）。

ただし、人間の発ガン性は遺伝的要因、食生活、生活習慣、生活環境、職業など、複雑な要因が関係しているため、単純に腸内細菌の種類だけで発ガンするかどうかが決まるわけではありません。また、マウスでは確かに効果があるようですが、人間における腸内細菌と発ガンの関係はわかっていません。さらに、実験動物においても、プ

⑪ヤクルト本社中央研究所 Webサイト
(http://www.yakult.co.jp/probiotics/report/report010416/index.html)

● 発ガン誘導剤
ここで使われた発ガン誘導剤は、N−butyl−N（4−hydroxy）nitrosamine （BBN)。

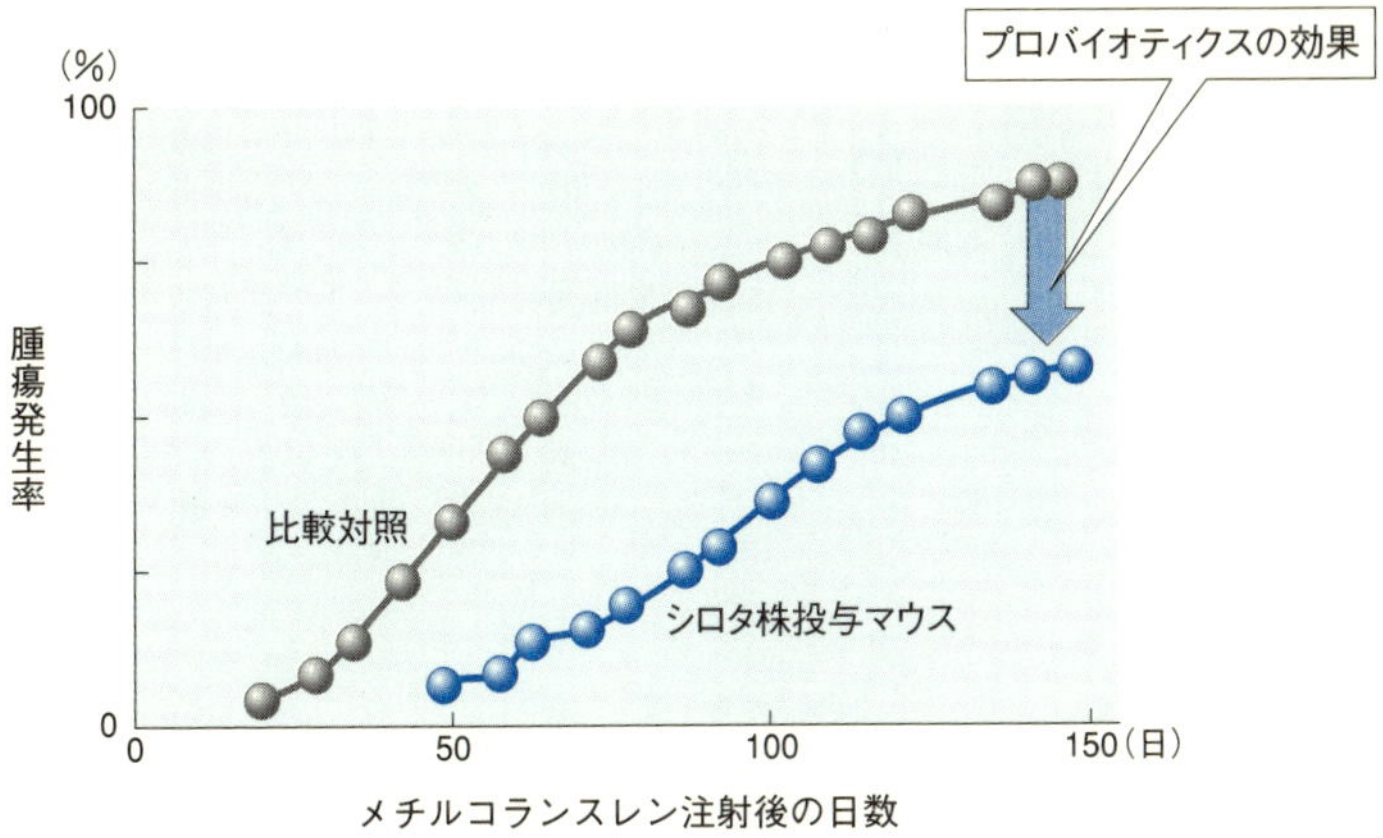

図41
メチルコランスレンによるマウス悪性肉腫抑制作用
〔ヤクルトWebサイト（http://www.yakult.co.jp/probiotics/report/report010416/index.html）より改変〕

ロバイオティクスを与えることが発ガンを抑制するデータは得られているものの、一方では腸内環境はプロバイオティクスを与えても与えなくても違いがないという相反する報告[⑫]もあります。このことは、実験の方法によって腸内細菌と発ガンのバランスが変化することを意味しており、腸内環境と発ガンの関係はそれほど単純ではないようです。

腸内細菌による感染予防

腸内細菌は病原菌が感染することを抑制する作用も持っています。普通、腸の中は体の内部だと考えがちですが、実際はそうではありません。人間の体は、口から肛門にかけて穴の開いた〝ちくわ〟

⑫『化学と生物』, Vol.42, No.4, p.258, (2004)

のような筒状です。これまで体内と思っていた腸は、実は体の外なのです。つまり、腸は雑菌がウジャウジャいる外部環境にそのまま晒されているのです。このような危険な環境で、腸内細菌は宿主に病原菌が付着することを防いでいます。動物を使った実験でも、腸内細菌のいない動物にサルモネラ菌を与えるとあっという間に感染してしまいますが、普通の動物ではサルモネラ菌を与えても1週間以内に全て排除される研究結果が得られています。

病原菌排除の仕組みとして考えられるのは、①腸の表面の腸内細菌が病原菌が腸に付着するのをブロックする、②腸内細菌と病原菌が栄養を奪い合い腸内細菌が病原機に栄養を与えない、③腸内細菌が病原菌を破壊する物質を出している、の三つです。

腸内細菌でコレステロールを低下！

プロバイオティクスがコレステロール低下作用を持つことは古くから経験的に知られていましたが、その効果は実験によってまちまちでした。これは、実験方法やプロバイオティクスを飲んだ人の人種・生活習慣の違い、使用したプロバイオティクスの菌株の違いが原因だったと考えられています。プロバイオティクスには、コレステロールの生成・吸収抑制や排出促進作用があり、上手に菌株を選べばコレステロール低下作用が期待できることは間違いないというのが近年の統一された見解です。

コレステロールは肝臓から分泌される胆汁酸に含まれて排出されますので、コレステロール低下に有効な菌株は胆汁酸に耐える必要があります。こうした特徴をそなえたラクトバチルス・アシドフィルス(*Lactobacillus acidophilus*)などは試験管内の試験で強力なコレステロール減少作用を示していることから、プロバイオティクスとしても有効であろう[13]と考えられています(写真42)。

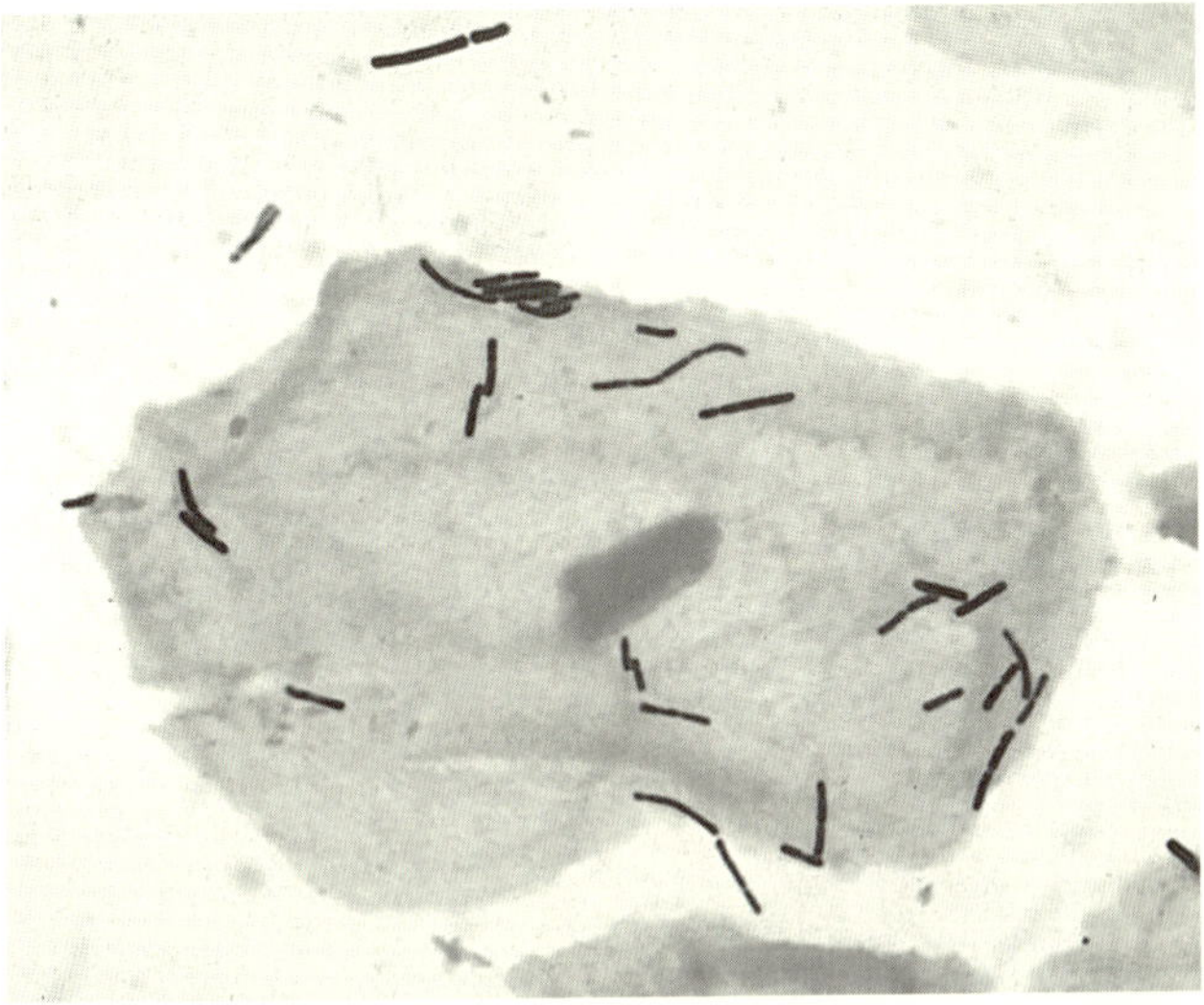

写真42
ラクトバチルス・アシドフィルス
黒く細長いのがラクトバチルス・アシドフィルス。
(提供＝CDC/Dr. Mike Miller)

⑬**『医学のあゆみ』, Vol.207, No.10 pp.835−840, (2003.12.06)**

2-4 ヘリコバクター・ピロリの功罪

ヘリコバクター・ピロリは、19世紀末に胃の粘膜に住む菌として発見され、1983年にオーストラリアのロビン・ウォレン（写真43）とバリー・マーシャル（写真44）によって性質が研究されました。両氏は、この業績で2005年ノーベル生理学・医学賞を受賞しました。

ヘリコバクター・ピロリは口から口へと、あるいは糞便から口へと感染し、一度感染すると一生生活を共にすることになります。衛生状態に問題がある発展

写真43
ロビン・ウォレン（J. Robin Warren）

写真44
バリー・マーシャル（Barry J. Marshall）

途上国では、70～80パーセントの子供たちがすでに感染していますが、先進国の若年者では10～40パーセントの感染率に留まっています。日本においても感染者数は5千万～6千万人と推定されていますが、そのほとんどは高齢者で、昭和40年代生まれの世代から徐々に感染率は低下し、近年の若年者においては感染率が著しく低下している可能性が指摘されています。

ヒトとチンパンジーより離れた遺伝子

ヘリコバクター・ピロリには様々な種類がいます。それらの遺伝子は最高で約6パーセントもの違いがあります。ヒトとチンパンジーの遺伝子の違いは1・23パーセント[14]しかありません。私たちは一言でヘリコバクター・ピロリとまとめてしまっていますが、その違いはヒトとチンパンジー以上にあるというのだから驚きです（図45）。

多くの種類のヘリコバクター・ピロリの中でどのタイプが感染するかは、人種によって違いがあることが知られており、人間の血液型を認識するタンパク質を持っていることがわかっているため、血液型によって感染する菌の種類が異なる可能性も予想されます。菜食主義者、歯科医、胃内視鏡医でヘリコバクター・ピロリ感染率が高いという話もありますが、研究例が少ないため断言はできません。

⑭独立行政法人理化学研究所　プレスリリース　（2002年1月4日）

ヘリコバクター・ピロリの罪

ヘリコバクター・ピロリが問題となるのは、感染と胃ガンとの関係です。１９９１年に行われたハワイ在住の日系アメリカ人とイギリス人が協力した現地調査では、胃ガン患者は健常人に比べ、明らかにヘリコバクター・ピロリ感染率が高いという報告がなされました。また、動物にヘリコバクター・ピロリを感染させると、胃ガンが発

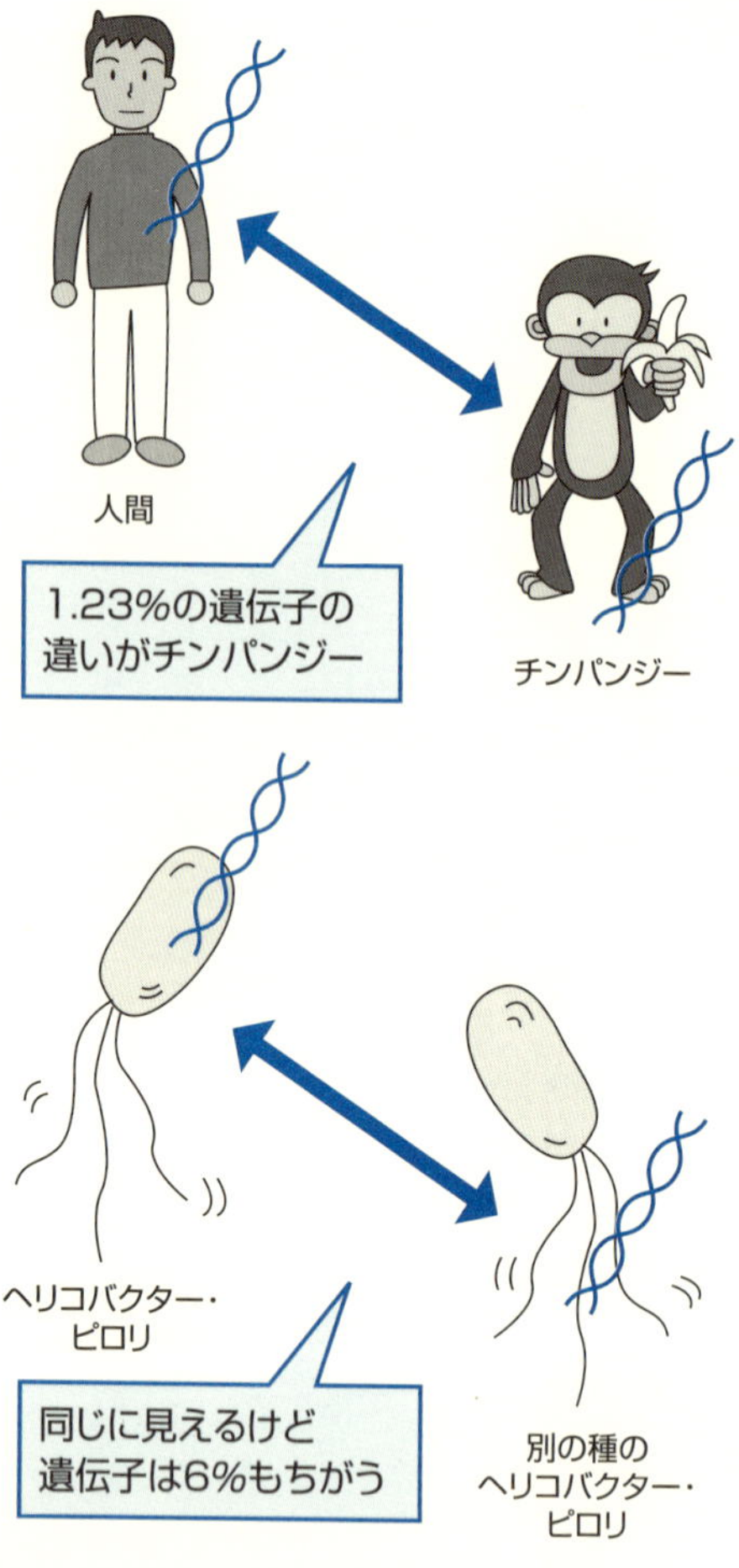

図45
人間とチンパンジー、ヘリコバクター・ピロリ同士の遺伝子の差異率
人間とチンパンジーでさえ１%程度しか差異はないのに、ヘリコバクター・ピロリ同士は最高で６%も違いがある。

症したという研究報告もあります。

日本人での研究では、感染者・非感染者それぞれについて8年弱の追跡調査を行った報告があります。それによると、感染者の約3パーセントが8年の間に胃ガンを発症したのに対し、非感染者からの胃ガンの発生はゼロでした。日本人においても、ヘリコバクター・ピロリと胃ガンには密接な関係があるものと思われます。

ヘリコバクター・ピロリが胃の病気を引き起こす理由は、細胞の表面に胃ガンを発症させる際に使用されるTFSS（Type Four Secretion System）と呼ばれる注射針状の構造物があるからです。ヘリコバクター・ピロリが人間の胃の表面に付着すると、この注射針を胃細胞に刺し入れ、特殊なタンパク質CagAを注入します（図46）。CagAは、胃の細胞分裂を混乱させて細胞を制御不能状態に陥らせ、細胞をガン化させます。

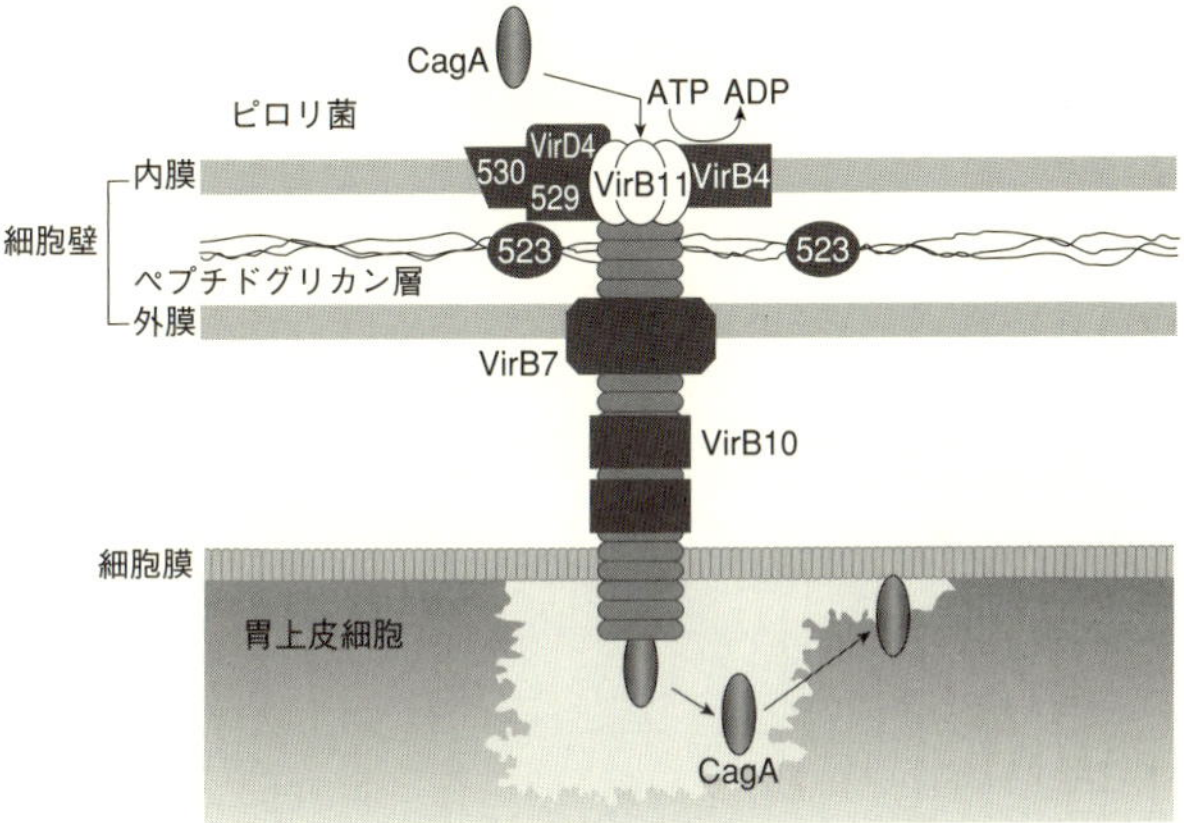

図46
ヘリコバクター・ピロリのTFSS構造模式図
*Agrobacterium tumefaciens*が有するVirB4/VirD4型のTFSSを基に推定されたヘリコバクター・ピロリの構造。CagAはTFSSを通って胃上皮細胞内に進入する。

ヘリコバクター・ピロリの功

このように、動物にとって迷惑でしかない存在だと思われていたヘリコバクター・ピロリですが、感染率の低下に伴って酸逆流疾患が急激に増加していることがわかってきました（図47）。これらの病気は胃の上部や食道が逆流した酸性の胃液に晒されることによって起きますので、ヘリコバクター・ピロリが胃上部の酸度を調整し、食道疾患を防いでいる可能性を示唆しています。もしそうならば、除菌はより慎重に行われなければならないことになります。

なお、ヘリコバクター・ピロリの除菌との関係が疑われている病気には、食道腺ガンもあります。このガンは5年生存率が10パーセント未満という恐ろしいガンですが、ヘリコバクター・ピロリ感染の低いアメリカでは、発生率が毎年10パーセントも上昇しています。

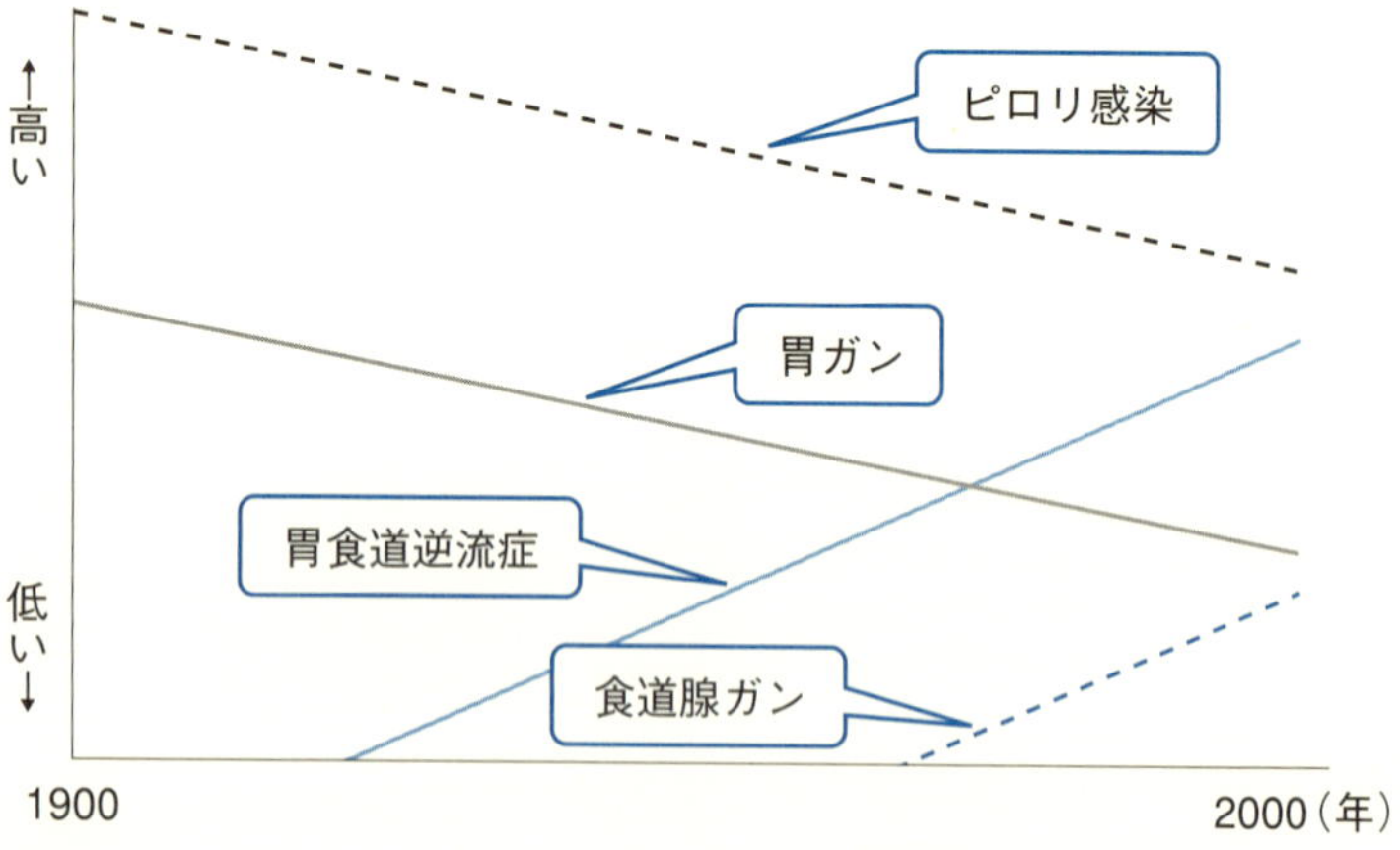

図47
ヘリコバクター・ピロリの減少と胃ガン・食道腺疾患の発症率
ヘリコバクター・ピロリ感染が減ると、胃の上にある食道腺の疾患発症率が急激に高まる。

第3章

人間の生活を彩る細菌たち

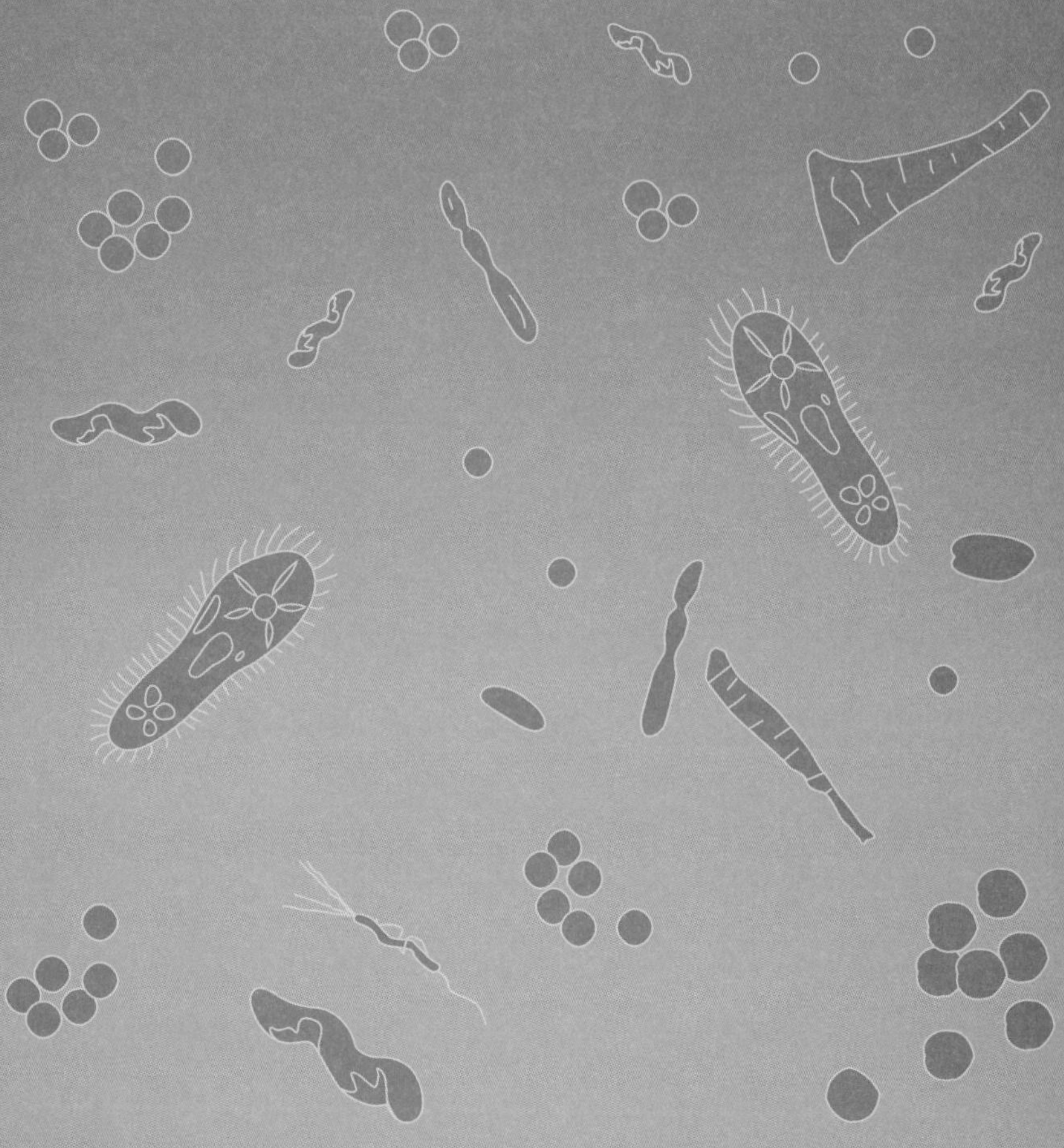

3-1

人の生活を彩る細菌たち

　人間は古くから細菌の営みを豊かな発酵食品として利用してきました。最も古くから生産されていた発酵食品の一つで、現在でも発酵食品の代表といえるのがお酒です。中でもビールの歴史は古く、すでにメソポタミア文明のシュメール人もビールを楽しんでいたといわれています。古くからあるお酒といえばワインも思い浮かぶでしょう。では、ビールとワイン、いったいどちらがより古くからあるお酒なのでしょうか?

　今のところ、書物などの確かな記録としてはその答は出ていません。けれど、両者の製造方法を比較すると、ワインはブドウの皮に付着している酵母をそのまま使用してアルコール発酵を行うシンプルな醸造方法で作るのに対し、ビールは複雑な2段階発酵を行うため、ワインの方がより古いお酒ではないかと言われています。

　キリンビール株式会社の研究⑮によると、ピラミッドの建造に携わった人には毎日ビールが振る舞われ、当時のエジプトの一般庶民はビールをモチベーションにして自ら望んでピラミッドの建造に携わっていたらしいというのですから、発酵食品が人を虜にするのは、今も5千年前も全く変わらないもののようです。また、古代エジプトの

⑮キリンビール株式会社　Webサイト
(http://www.kirin.co.jp/daigaku/o_egypt/index.html)

壁画を詳細に観察すると、お酒を飲み過ぎてゲロしている女性や、泥酔して担いで運ばれる男性の絵などもあるそうで、お酒を飲む人間の側も、今も5千年前も全く変わらないようです（図48）。

現在のような科学的に発酵を研究・改良するような微生物学は、生物学者パスツールによる細菌の能力の発見がきっかけでした。それ以来、細菌の様々な能力を活かす技術は飛躍的に発展し、発酵食品を生産する細菌の純粋培養と、より能力の高い細菌の探索を行う微生物工業が始まりました。

その後、1929年のフレミングによる抗生物質ペニシリンの発見によっ

図48
エジプトの壁画
（左）酔ってゲロする女性　（右）泥酔して運ばれる男性

て、微生物の利用は食品から医薬品へと展開しました。さらに１９６０年代から１９７０年代にかけて、微生物に化学合成では製造が難しい物質を生産させる方法の検討が行われました。微生物による物質生産は30度前後で十分に進行するため、エネルギーコストの低い有機合成方法として有望視されたのです。

さらに、遺伝子組み換え技術の発達で利用価値の高い細菌を探し求める、あるいは作り出す研究も活発に行われ、１９８０年代以降の大学受験におけるバイオテクノロジーブームが到来しました。古くから発酵生産の研究を地道に続けていた農学部は、理系学

写真49
農学部での微生物学実験風景
理系の花形になった農学部ではあるが、その実験は今も昔もそれほど変わらない。

部の花形として、一躍脚光を浴びることになったのです（写真49）。

微生物の利用は、元々は微生物の働きとは知らずにおいしい食べ物ができる、長期保存できる食べ物を作れる、という偶然の発見に始まりました。それが今では、私たちの想像を超えた細菌の幅広い能力によって、今では細菌の助けのない生活が想像できないほどに多くの製品やサービスが私たちの暮らしを支えています。

この章では、私たちの暮らしを「衣・食・住」に分けて、それぞれの分野で活躍する細菌の働きを紹介します。なお、私たちの暮らしを支えている微生物には、この本で紹介する細菌だけでなく、カビ、酵母も欠くことができません。また、広くとらえるなら、食用として有用なキノコや食物連鎖を支える原生生物も含まれますが、ここでは本書の主題である細菌に絞って話を進めていきます。

3-2 「衣」を豊かにする細菌たち

染料を脱色する細菌

染色工場から出る廃水には、余剰となった色素成分が含まれています。廃水の水質基準には、水質汚濁防止法や自治体の「排水の色規制条例」による透明度、色度、COD、BODなどの規制をクリアすることが求められています。したがって廃水処理には、活性炭、沈殿、酸化分解、光分解などの物理化学的脱色が行われます。

しかし、これらの処理方法は高額な設備投資や維持費がかかりますし、電力などのエネルギーを使うため、環境負荷が大きい点が問題です。一方、生物による有機物分解は、温和な条件で処理を行うことができ環境負荷が小さいので、色素を分解する能力を持つ細菌を排水処理に利用できれば非常に有効です。

色素の多くは、窒素原子同士が二重結合で結合したアゾ基（—N=N—）と呼ばれる構造を持っています。アゾ基は両端に有機化合物を結合させると、その

●**COD**
化学的酸素要求量（Chemical Oxygen Demand）のこと。排水中に酸化剤で酸化される有機物がどのくらい含まれるかを、消費される酸化剤量を酸素量に換算して示した値。この値が大きいほど水中の有機物は多いことになるので水の汚染度も大きいとみなされる。

●**BOD**
生物化学的酸素要求量（Biochemical Oxygen Demand）のこと。酸素を必要とする細菌が水中の有機物を分解するために必要な酸素の量。CODが海域や湖沼で用いられるのに対し、BODは河川の汚濁指標として用いられる。

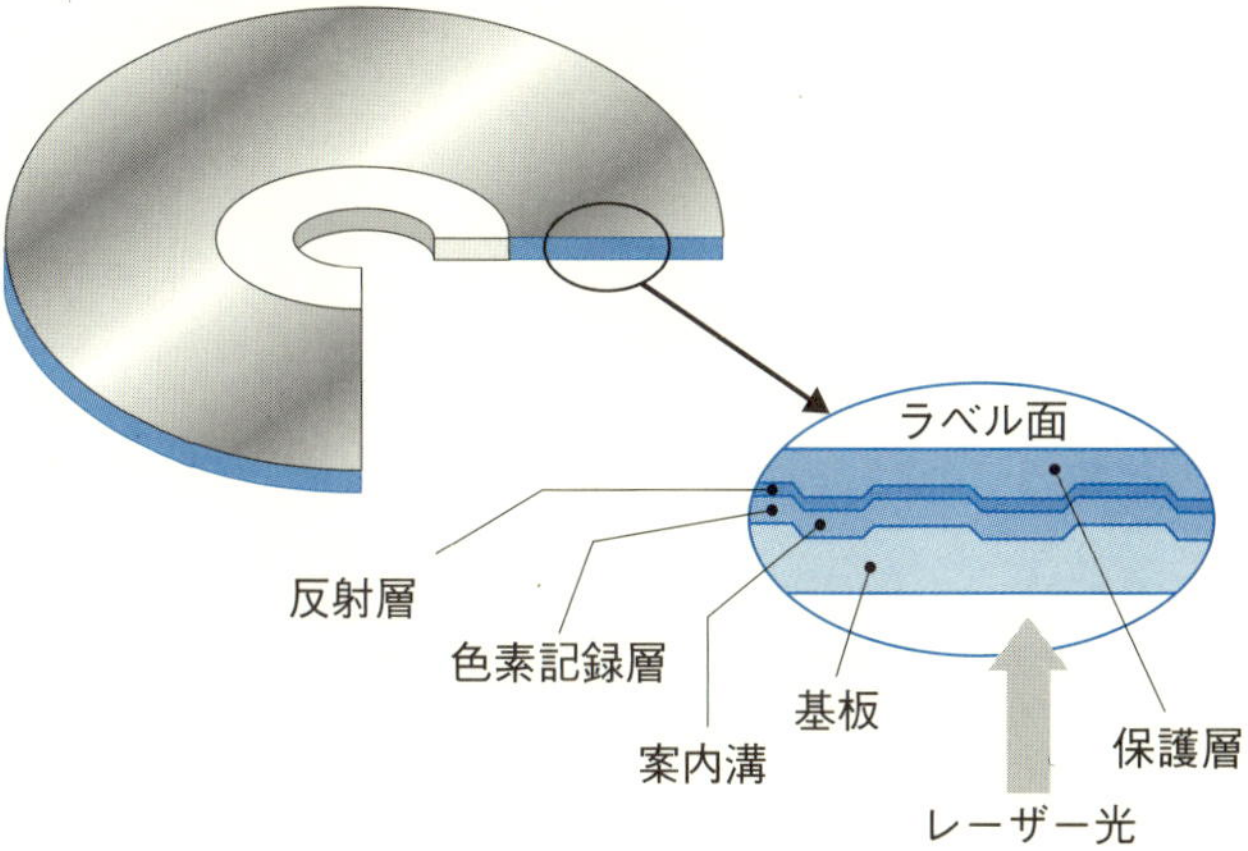

図50
追記型記録メディアの仕組み
記録層にはアゾ色素などの有機色素が含まれる。この記録層に強いレーザー光を当てることで相変化を誘起し色素の反射率を変化させる。この反射率の変化を検出することで、記録されたデータを読み出す。

構造によって様々な色に着色します。現在使用されている合成染料の約60パーセントは、構造の中にアゾ基を含むアゾ染料です。これまでに2千種以上のアゾ色素が開発され、繊維、皮、プラスチック、化粧品、食品などの染色に用いられています。また、CD－RやDVD－Rの追記型記録メディアの記録膜にもアゾ色素は使用されており、色素をレーザーで分解することによって記録を行う仕組みになっています（図50）。

染色関連の産業で利用されるアゾ色素を分解する微生物として、バチルス（*Bacillus*）属OY1－2

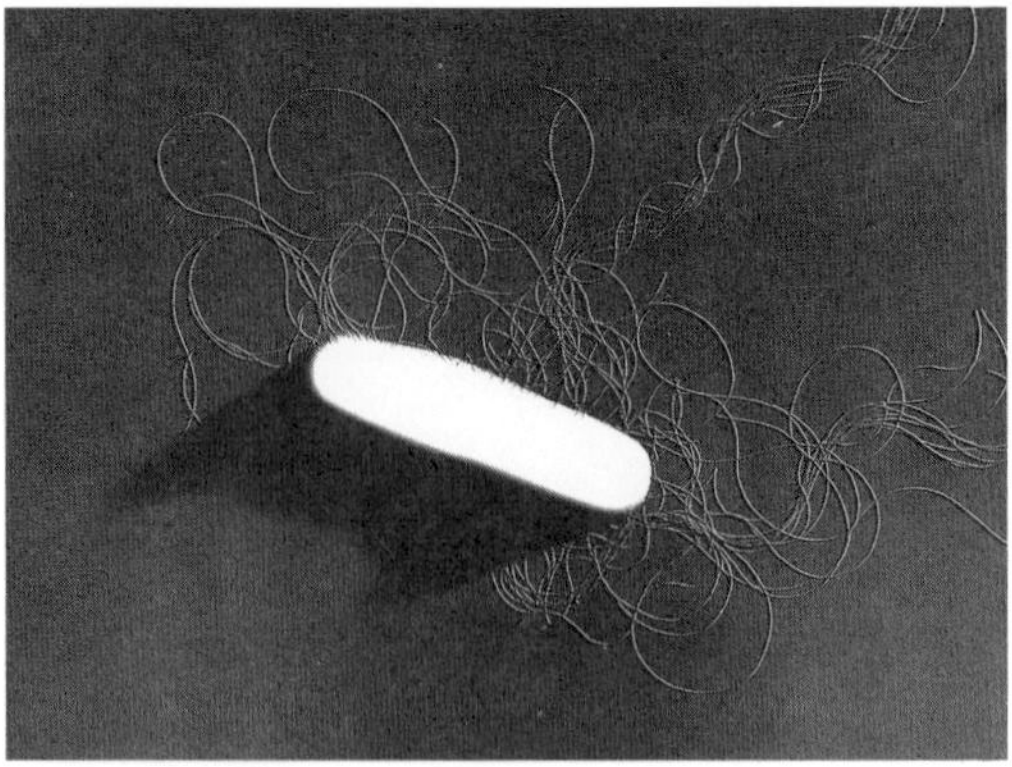

写真51
アゾ色素分解微生物 Bacillus OY1－2
（提供＝大阪府立公衆衛生研究所生活環境部）

株（写真51）、カンジダ（*Candida*）属酵母MK―1株、アエロモナス（*Aeromonas*）属B―5株などが知られています。これらの微生物は、窒素と窒素の間の二重結合を切断する酵素を持っており、色素をまっぷたつに切断してしまう[16]ため、色が除去されることがわかっています。このような菌体を使った脱色は、加熱が不要で環境負荷も小さいので、費用のかからない環境に優しい脱色技術として広く利用されています。

また、模様染め（プリント）の方法の一つに抜染法があります。これは予めアゾ色素で染色した布に色素を分解する薬品で絵柄を印刷し、その布を高温処理することによって、糊剤が塗布された部分の絵柄の色素が抜け落ちることを利用するものです。こうした抜染法で使われる薬品の代わりに、アゾ色素分解菌の抽出物を使用する試みも行われています。細菌の抽出物ならば、室温程度で脱色が進むため、省エネにつながり

⑯馬場直子ら『岡山大学農学部学術報告』，95巻，pp.1－5，（2006）

ます。その上、色が鮮明な上に繊細に染まるため、ぼかし染め、絞り染めにも適応でき、高品質の布地を生産することができます[17]（写真52）。

写真52
アゾ色素分解菌による模様染めの例
（提供＝大阪府立公衆衛生研究所生活環境部）

細菌なしには染まらない「藍染め」

染料の脱色を行う菌がいるかと思えば、逆に色をつける際に役立つ菌もいます。

デニム生地を作るのに使われ、日本で「藍」と呼ばれるインディゴは、今ではその多くが合成品ですが、元々は熱帯植物由来の天然染料でした。その名前から想像される通り、インドが原産地だったといわれていますが、ヨーロッパの古代文明でもその存在は知られており、日本を含む東アジアでも古くから染料として使われていました。

インディゴは水に溶けませんが、布を染めるためには水に溶かして繊維にしみこませなければなりません。そのため染料としては非常に扱いにくく、ヨーロッパでは化学反応を起こしてから水に溶かすという、複雑な工程で染色が行われています。一方、

⑰大阪府立公衆衛生研究所『公衛研ニュース』，第24号，(2004)

日本では発酵を利用するという、ヨーロッパとは違う工程で染色を行います。

インディゴ色素を作り出す植物は何種類か知られており、地域によって生育する種が異なります。日本では、タデ科の植物から採っています。「藍」とも呼ばれるこの植物の葉を細かく刻んで乾燥させ、蔵に山積みにします。そして数日おきに水をかけながらかき混ぜると、微生物の働きで発酵が始まります。発酵は、約3カ月持続させます。この間、水やりと撹拌を続けるのですが、水の与え方、かき混ぜ方、発酵の温度によって染料のできが大きく左右されるため、「藍師」と呼ばれる職人がつきっきりで世話をします。すると、3カ月後に「すくも」と呼ばれるインディゴを含む堆肥状の発酵生産品ができあがります。

藍師からすくもを受け取った染物師は、2段階目の発酵を行います。保温のために土に埋め込んだ壺の中にぬるま湯を注ぎ、すくもと細菌の栄養源となる清酒や水あめ、それに壺の中を菌が働きやすいアルカリ性にするために消石灰を入れ、1週間ほど好熱・好アルカリ菌で発酵させます。すると、すくもに含まれているインディゴが酵素反応で還元され、水に溶ける染色液ができあがります（図53）。

染色液の仕込から発酵が完了して染色可能となるまでの期間は、夏場で1～2週間、冬場では3～4週間かかります。その間、染色液を毎日撹拌し、発酵の状態を見なが

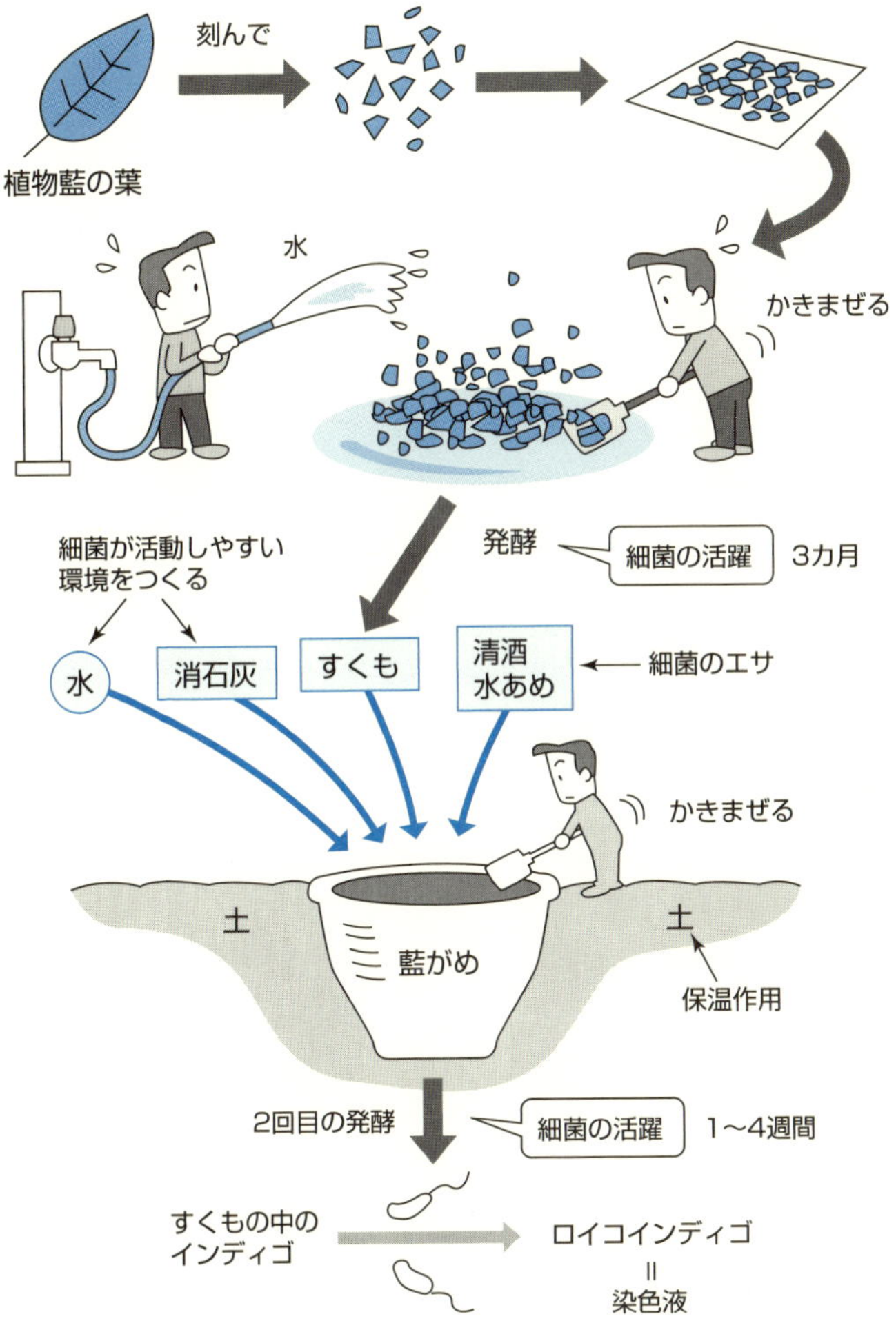
刻んで
植物藍の葉
水
かきまぜる
細菌が活動しやすい
環境をつくる
発酵
細菌の活躍
3カ月
水
消石灰
すくも
清酒
水あめ
細菌のエサ
かきまぜる
土
藍がめ
土
保温作用
2回目の発酵
細菌の活躍
1〜4週間
すくもの中の
インディゴ
ロイコインディゴ
=
染色液

図53
藍染めの工程

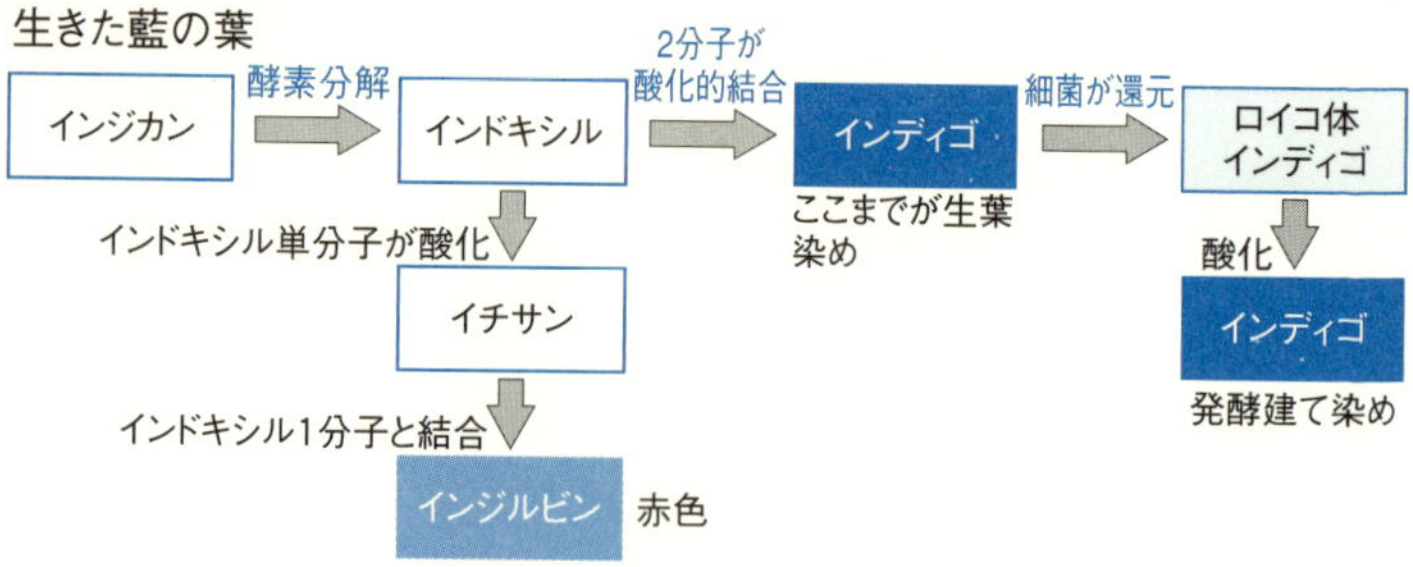

図54
藍の生葉からインディゴが発色する過程
本文では紹介していないが、藍の発酵過程ではインドキシルから赤色素インジルビンも生まれる。藍による紫染めは、この反応を利用している。

ら消石灰、清酒、水あめなどを添加しないといけないため、大変な時間と労力を必要とします。

こうしてできあがった染色液には、ロイコインディゴと呼ばれる黄色い還元インディゴが含まれています。この中に繊維を浸けて引き上げると、空気に触れたロイコインディゴが可逆反応を起こし、青いインディゴに戻ります。こうして、藍染め独特の美しい色が発色されるのです（図54）。

インディゴの発酵に関わっている細菌が同定されれば、より効率のよい工業生産が可能になるはずですが、壺の中身がどのようになっているかは染色メーカーのトップシークレットですし、そもそもメーカー自身も細菌の組成の詳細は知らないはずです。一方で、より効率のよい発酵染色を目指すと同時に、発酵による色合いを論理的に制御しようと、遺伝子組み換え技術によって染色にふさわしい菌を作り出す研究[18]も行われています。

天然の菌を用いる古来の方法では、染色液を50リットル作成しても、1日に200グラム程度の繊維しか染色できないため、現在では日本でもほとんどが合成色素です。けれど、天然染料を使って手染めする手作り品の評価が見直され、藍染めを伝統産業として保護している徳島県を中心に、現在でも発酵生産の伝統は守り続けられています。

なお、労働者階級のことをブルーカラーと呼ぶことがありますが、このブルーは労働者の作業着をインディゴで染めていたことに由来しています。

細菌から化粧品

美容によいといわれるヒアルロン酸は、微生物や人間を含めた高等動物で非常に重要な機能を担っていて、人間では軟骨に多く含まれています。ヒアルロン酸は、骨など体を構成する成分との親和性が高いことから、外科手術で切除した部位の補充や関節の動きを滑らかにする潤滑剤として使用されています。また、高い保水性や粘りと弾力を併せ持つため、保湿成分として化粧水や美容液などによく配合されています。

今では気軽に手に入るヒアルロン酸ですが、その昔は大変な貴重品でした。ヒアルロン酸は分子量が100万以上もある巨大分子なのですが、このような巨大分子を有

⑱徳島大学「インジゴ還元酵素及びその製造方法」,『特開』,2006−087422

機合成で作ることは難しく、鶏のとさかから抽出するくらいしか入手方法がなかったのです。しかし、鶏由来のヒアルロン酸を外科治療に大量に使用することは、動物愛護の観点から問題があり、また感染症の危険があるため、早い段階から微生物を使った発酵生産の方向性が検討されていました。

ヒアルロン酸を作る微生物自体は多数発見されましたが、それらの多くは病原性を持っていたり、栄養源として特殊な物質が必要なため製造コストの問題が発生したりと、安全・安価・安定にヒアルロン酸を製造できる微生物はなかなか見つかりませんでした。しかし、1990年頃にオーストラリアのクイーンズランド大学の研究者らが、動物の結膜に存在する乳酸菌の仲間が、ヒアルロン酸を大量に生産し、カプセルに封入した状態で細胞の周囲にまとわりつかせていることを発見し、発酵生産による工業化の検討がなされました。その結果、最も適した菌として選抜されたのが、ストレプトコッカス・ズーエピデミカス（*Streptococcus zooepidemicus*）

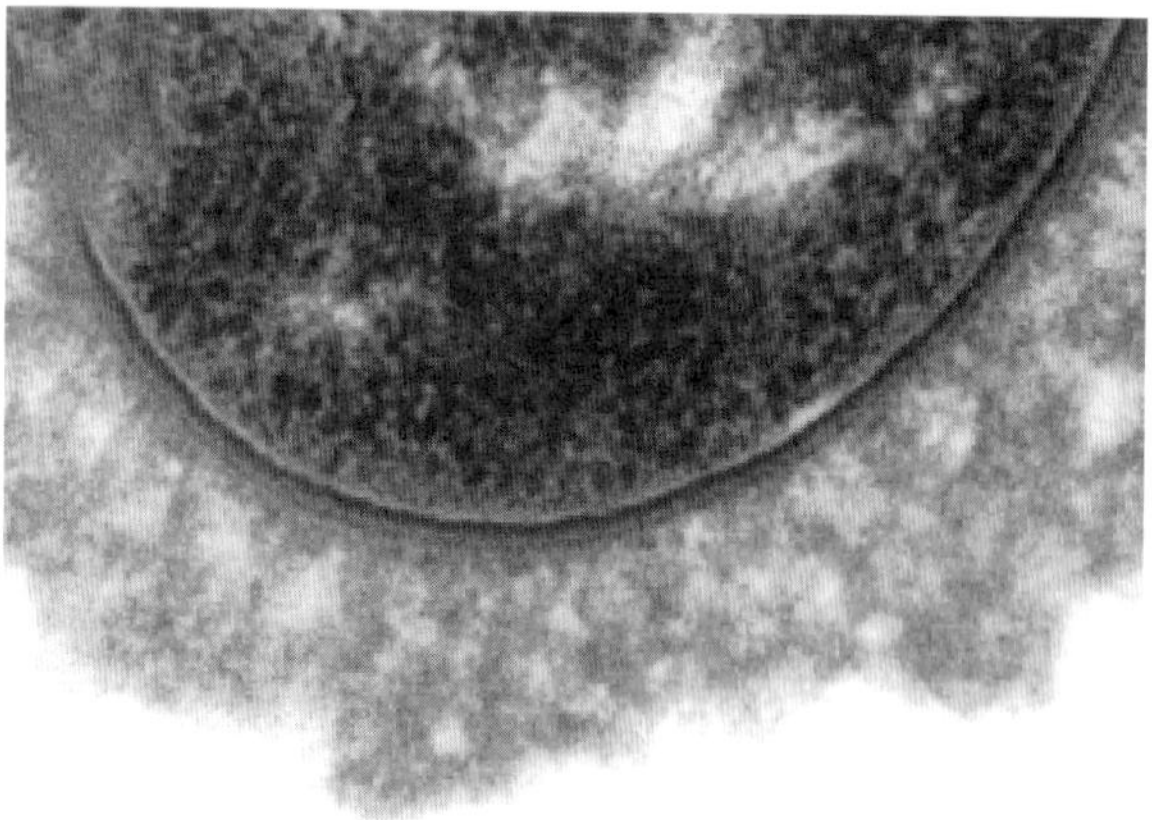

写真55
ストレプトコッカス・ズーエピデミカスを取り囲むヒアルロン酸の入ったカプセル

細胞の外側にあるもやもやしたものがカプセル。
（提供＝The University of Queensland, Australia）

でした（写真55）。この細菌によって、貴重品だったヒアルロン酸の量産化に成功し、安価で大量に供給されるようになりました（図56）。

　こうして今では、化粧水のような身近な商品にも使用され、私たちの生活を強力にサポートしているのです。

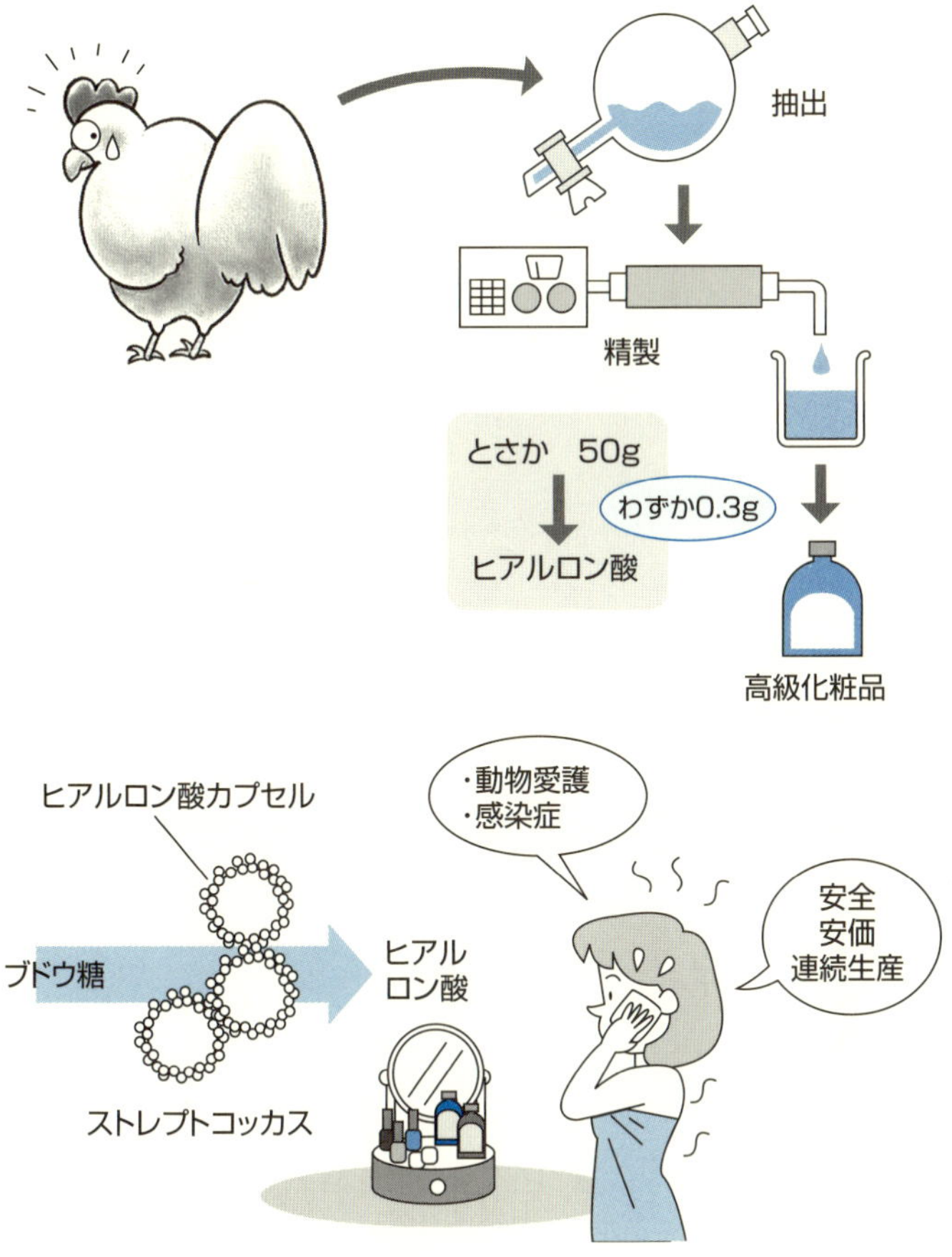

図56
ヒアルロン酸製造の移り変わり
以前はトサカから抽出する方法が一般的だったが、最近は細菌による発酵生産に移行しつつある。

3-3 「食」を豊かにしてくれる細菌たち

日本のみならず、世界では古くから細菌による発酵作用で食品が加工されてきました。狩猟・採取したものを樽の中に放置する、予めかみ砕いて保管する、といった処理を行うことで、風味が良くなる、栄養価が高まる、保存性が改善するといった変化が起きることを、人間は昔から経験的に知っていました。それが細菌の働きによるものだとわかったのは、発酵食品の歴史からすればごく最近のことです。

ここでは、食生活を豊かにしてくれる細菌について、代表的な例を紹介しましょう。

穴あき細菌のうまみ生産

人間が感じる味は、基本的に五つに分けられます。古くから西洋で広く認識されていた甘味、酸味、塩味、苦味の四つ、そして日本人だけが敏感に感じ取ることができるという奥ゆかしい味「うまみ」です。「うまみ」を基本的な味に含めることは、当初西洋の研究者を中心にまさに物議を「醸し」ましたが、現在では英語でも「umami」と表記され、基本的な味の一つとして認められています。うまみの成分は、１９０８

年に東京帝国大学（現東京大学）教授だった池田菊苗によって昆布の中から発見された、アミノ酸の一種であるグルタミン酸です。

グルタミン酸は、最初に商業的に微生物の力で発酵生産され「味の素」として市販された食用アミノ酸です。元々細菌は、自分が使うタンパク質の構成成分として活発にアミノ酸を作っています。グルタミン酸生産では、そのアミノ酸を細胞の外に分泌するように性質を改変された細菌を使用します。

細菌の細胞膜はリン脂質二重層と呼ばれる油の膜でできていますが、この油を細胞内で作る過程に関わっているビオチンと呼ばれる物質が不足した状態で細胞を培養すると、できそこないの穴ぼこだらけの細胞膜ができてしまいます。この穴ぼこだらけの細胞膜を持つ細菌にうまみ成分を作らせると、うまみ成分が細胞から漏れ出てくるのです。これを集めて不純物を取り除いたものが、発酵生産によるグルタミン酸です（図57）。

グルタミン酸を大量に生産する細菌は複数の種類が知られていますが、工業的に利用されるのは、コリネバクテリウム・グルタミカム（*Corynebacterium glutamicum*）、ブレビバクテリウム・ラクトファーメンタム（*Brevibacterium lactofermentum*）などと呼ばれる種類です。

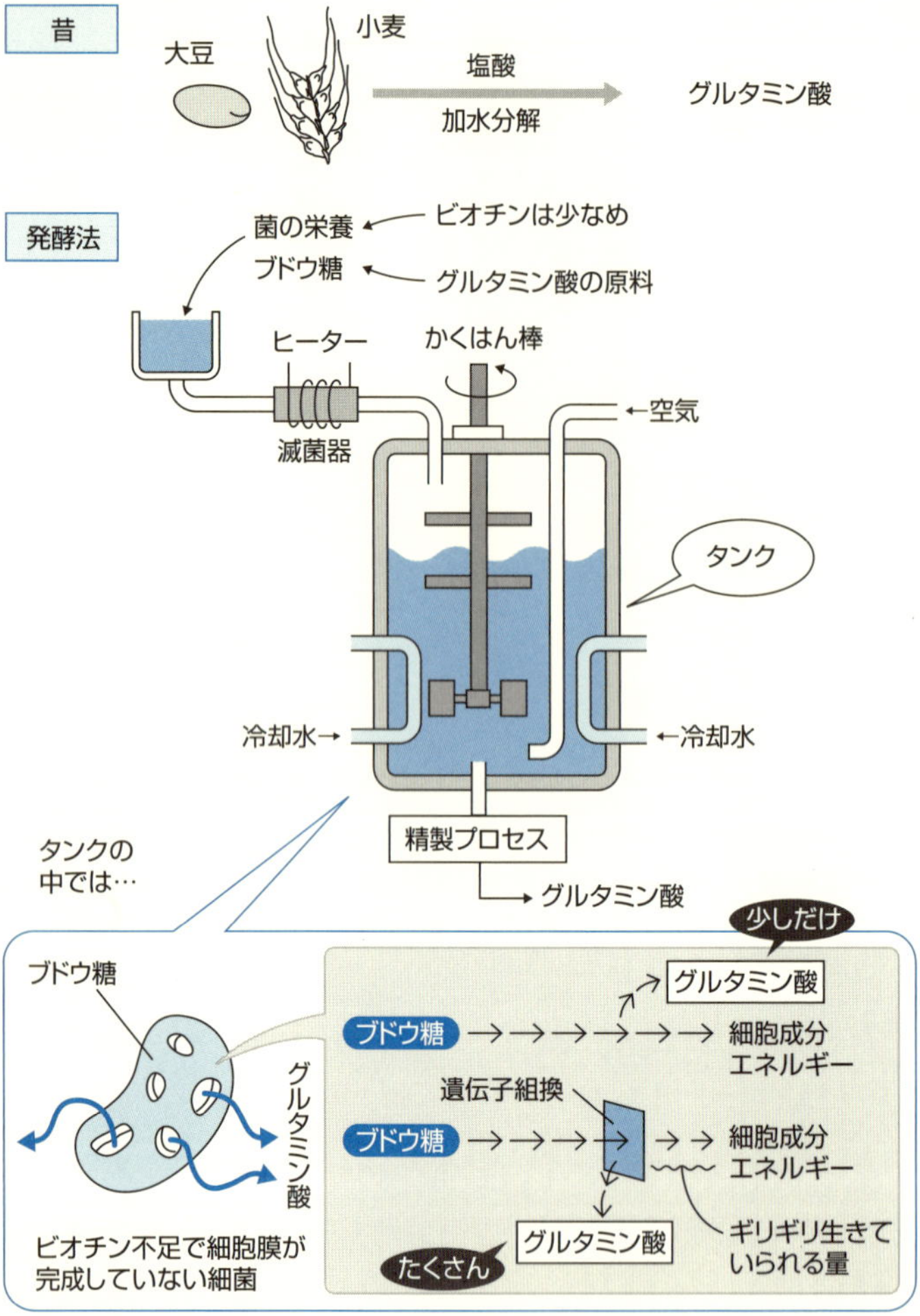

図57
グルタミン酸の発酵生産

グルタミン酸はかつて大豆や小麦のタンパク質を加水分解して製造していた。現在はタンク内の発酵によってブドウ糖からグルタミン酸を作っている。発酵を行うのはビオチン欠乏の細菌。この細菌は遺伝子組み換えによって、本来活動エネルギーとして消費されるはずのブドウ糖もグルタミン酸生産に回されている。

乳酸菌が作る粋な酸味

乳酸菌といえば「あぁ、生きたままおなかに届くっていうアレね」と言われるほど、よく知られている細菌です。乳酸菌は多くの食品に自然に付着しており、ヨーグルトやチーズなどの乳製品、漬け物などの発酵食品の製造に利用されています。

乳酸菌が食品を発酵させると乳酸ができるのですが、乳酸は食品を酸性にします。乳酸菌以外の多くの細菌は酸性の環境では生育が困難なため、食品の腐敗を防ぐことができます。ヨーグルトやなれ鮨が酸っぱいのは、この乳酸によるものです。

ヨーグルトは、牛乳を原料としてラクトバチルス・ブルガリカス（*Lactobacillus bulgaricus*）が発酵生産する食品ですが、長寿者が多いことで知られていたブルガリア地方の人々がヨーグルトを好んで摂取していたことがきっかけとなり、健康によい食品として注目されるようになりました。

乳酸菌飲料としてよく知られているヤクルトには、ヤクルト菌と呼ばれるラクトバシラス・カゼイ・シロタ株が含まれています。ヤクルト菌は、元々人の腸内に生息している乳酸菌群を取り出し、胃液や胆汁などが混じる環境でも元気に生育できる菌を使用しているため、生きたまま腸まで届きます。

最近の研究では、乳酸菌には腹部敗血症による感染症を抑える作用がある[19]、乳酸酸性とpH低下作用によって腸管出血性大腸菌O—157の静菌・殺菌作用が認められる[20]、などといった機能が見いだされ、乳酸菌の働きが科学的に解明されつつあります。

酢酸菌で食品保存性アップ

お酒を放置しておくと酢（酢酸）に変化することは古くから知られており、食酢はお酒と並んで世界最古の発酵食品だといわれています。お酒を酢酸に変換するのはアセトバクター属菌のアセトバクター・アセチ（*Acetobacter aceti*）と呼ばれる酢酸菌で、食酢の醸造に古くから使用されています（写真58）。

けれど、食酢の発酵生産の樽の中に生息している細菌は、この菌だけではありません。酒粕、米、清酒などを原

写真58
酢酸菌の培養室
フラスコの中身は育成中の酢酸菌。後ろの電子レンジのような装置は、温度などの環境条件を変化させて酢酸菌を育てる装置。
〔撮影協力＝松下一信（山口大学農学部）〕

⑲ "J.Surg.Res.", Vol.107, pp.37−43, (2002)
⑳ "International Journal of Food Microbiology", Vol.68, pp.135−140, (2001)

料として醸造を行うと、グルコン酸と呼ばれる成分がわずかに混入します。その割合は0・2パーセントと微量ですが、食酢のよい風味は、このわずかなグルクロン酸が紡ぎ出しています。あまりに高純度できれいな食酢は、かえっておいしくないのです。このグルコン酸を作るのが、グルコノバクター（*Gluconobacter*）と呼ばれる細菌です。グルコン酸は、食酢をおいしくするだけでなく、腸内の善玉菌のビフィズス菌の増殖を助け、健康増進に寄与する作用があります。

ところで、飲める酸性の液体はこの世にたくさんあるにも係わらず、それらの中で、なぜ酢が食品添加物として選ばれたのかご存知でしょうか？

それは、酢は他の酸よりも雑菌の細胞膜に透過しやすいからです。雑菌の細胞膜に浸透すれば雑菌の働きを抑制できるので、食物の保存性は飛躍的に向上します。しかも酢は風味もよいので、食品添加物として古くから利用されてきたのです。

滋賀県の特産品フナ寿司に代表されるなれ鮨は、平安時代以降、魚を発酵させることで保存性を高めるために作られていたものです。しかし、江戸時代になって酢が一般に普及し始めると、手間のかかる発酵の段階を省略し、酢を使って保存性を高めるようになりました。それがやがて発酵させない押し寿司へと変化していったのです。

納豆菌のすごいネバネバ

大豆加工品の糸引き納豆は、納豆菌と呼ばれるバチルス・サチルス・ナットー(*Bacillus subtilis natto*)によって作られる発酵食品です(写真59)。糸引き納豆は、日本では1千年も前から食べられていました。蒸した大豆をわらで包んで40度前後で保存

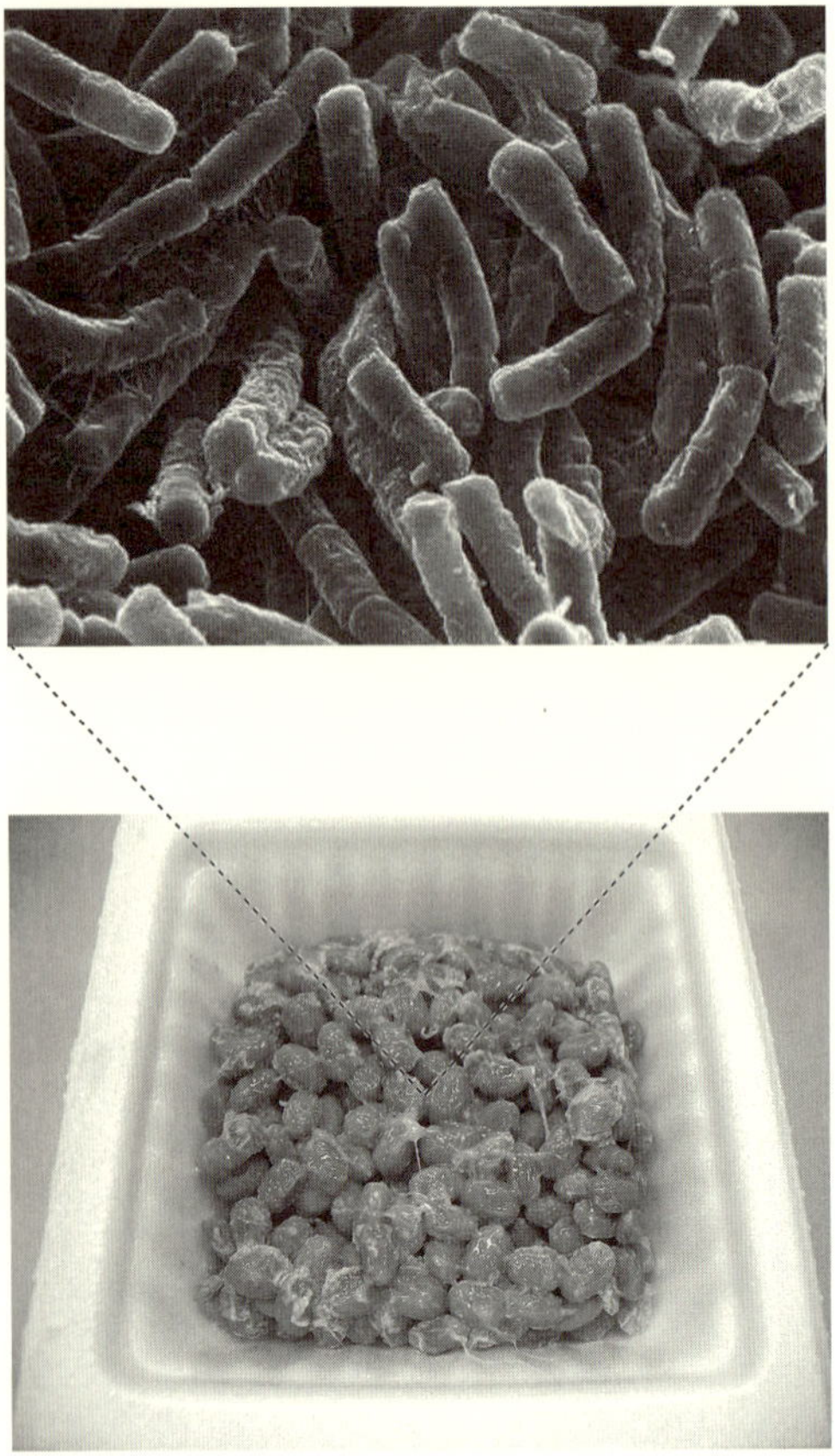

写真59
バチルス・サチルス・ナットー

市販のパック入り納豆は純粋培養した細菌を使用し、食卓に並ぶ時にちょうど良い発酵状態になるように調整・出荷されている。

(提供=株式会社ミツカンチルド事業カンパニー)

● **バチルス・サチルス・ナットー**
納豆菌が含まれるバチルス属は、他にも枯草菌、炭疽菌、卒倒病菌などが含まれる。また極限環境で生きる多くの菌もこの属に含まれる。非常に身近で産業上の有用性も高い菌の仲間だ。

すると、わらに付着している納豆菌によって発酵が進み、独特の風味を醸し出します。納豆菌は芽胞を形成する能力があるため、劣悪な環境にじっと耐え抜くことができます。蒸した大豆は、ほぼ100度の高温になっています。わらには納豆菌の他に大量の雑菌も付着しているのですが、納豆菌以外の菌は高温に耐えることができずに死んでしまいます。一方、納豆菌は芽胞となって生き残り、大豆の温度が下がって快適な温度になると、一気に活動を開始します。こうして、発酵は進行していきます。

このような仕組みがあるため、わらに包むだけという一見大雑把な製法を用いても、納豆は雑菌に汚染されずにおいしくできあがるのです（写真60）。

この製法は昔、中国から伝来したものと伝えられていますが、起源はよくわかっていません。中国、アジア内陸部や東南アジアには、今でも納豆の類似食品があります。納豆菌の遺伝子解析の結果では、7千年前には同じ菌だったことがわかっています。徐々に世界中に広がって菌にバリエーションが生まれたことで、それぞれの風土に適した納豆風食品が作られるようになったのでしょう。

東南アジアには、納豆に似た味のテンペ（写真61）があります。原料も納豆と同じ大豆ですが、発酵を行っているのは細菌ではなく、カビの仲間のリゾパス・オリゴスポラス（*Rhizopus oligosporus*）と呼ばれる微生物だったりします。

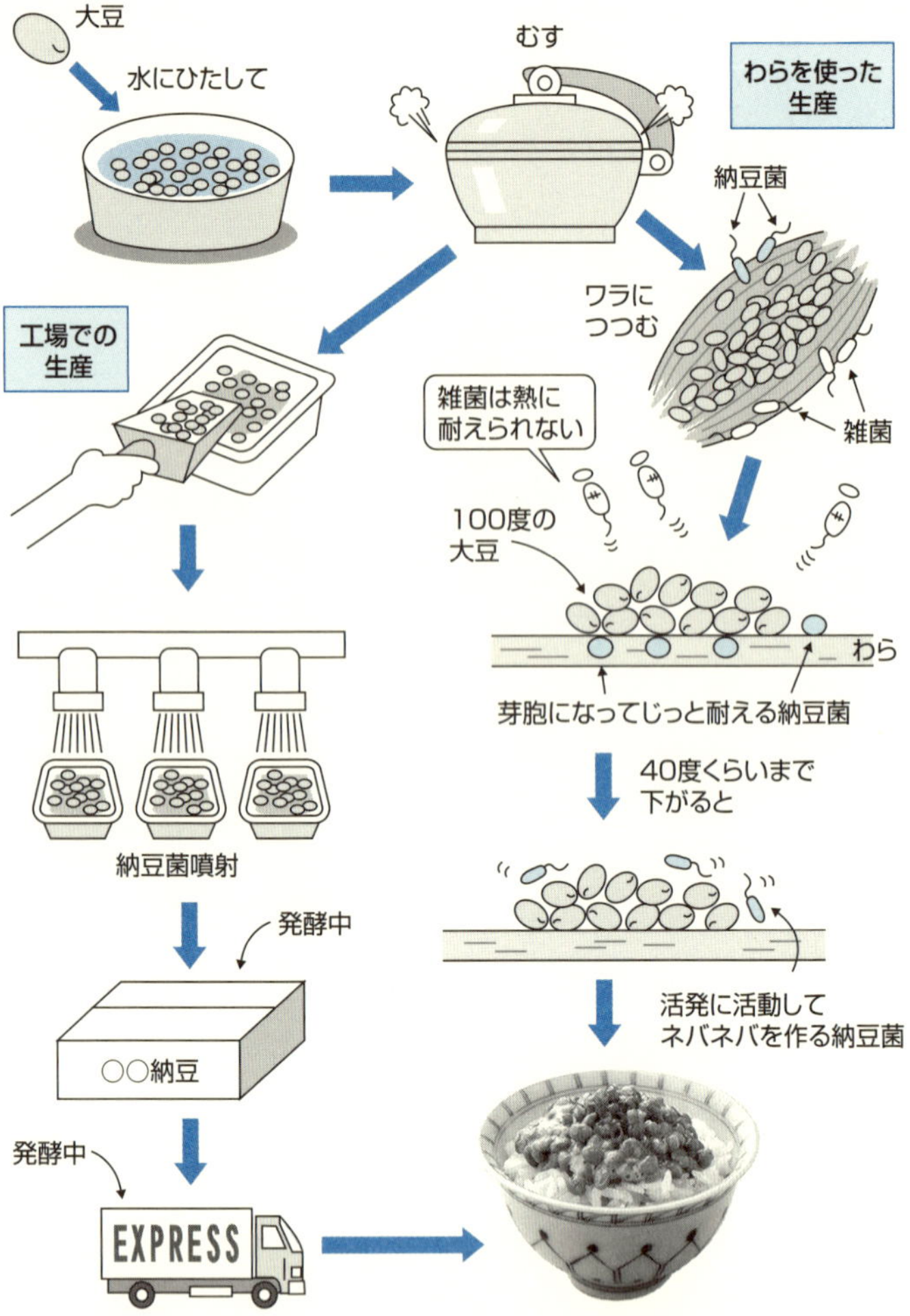
大豆
水にひたして
むす
わらを使った
生産
納豆菌
ワラに
つつむ
雑菌
工場での
生産
雑菌は熱に
耐えられない
100度の
大豆
わら
芽胞になってじっと耐える納豆菌
40度くらいまで
下がると
納豆菌噴射
発酵中
○○納豆
活発に活動して
ネバネバを作る納豆菌
発酵中
EXPRESS

図60
納豆の製造工程

ちなみに、現在市販されている納豆の多くは、蒸した大豆に純粋培養した納豆菌を接種し、発酵・熟成させるという方法で作られています。わらに包まれて市販されている納豆も、実際にはわらを雑菌の繁殖を防ぐために予め滅菌処理し、純粋培養した菌を接種してから、わらに包んで発酵が行われています。

このようにして生産される納豆ですが、ご存じの通り、大豆表面は納豆菌と粘性物質で覆われています。この粘性物質は納豆菌が分泌したものですが、その成分はうまみ成分のグルタミン酸が鎖のように細長くつながったものと、砂糖の成分の一つであるフラクトースが集まってできたフラクタンの、二つの成分からできています。グルタミン酸はネバネバの本体であると同時に、納豆のおいしさの源でもあります。フラクタンには味はありませんが、ネバネバを安定化させる役目を担っています。

写真61
テンペ
(提供＝向日葵三十郎)

さて、このネバネバですが、納豆菌の生育とネバネバの関係を調べたところ、納豆菌が活発に分裂している間はネバネバは作られず、自分の周辺が細菌だらけになり、栄養分が足りなくなってくると、ネバネバが作られることがわかりました。食卓に登場する納豆は、食べる時にちょうどネバネバするように発酵が調整されているのですが、そのまま納豆菌を育て続けると、やがてネバネバは消えてしてしまいます。これは、納豆菌が自分で作ったネバネバを食べてしまったためです（図62）。

納豆菌は、自分の周辺が混雑して栄養分が減り始めると、必要な栄養をネバネバに変換して蓄えます。やがて栄養分がなくなると、必要な分ずつネバネバを分解し、それを栄養源として生育を続けます。このネバネバは、納豆菌以外の細菌は利用することができないため、限られた栄養分をいち早く自分だけが使

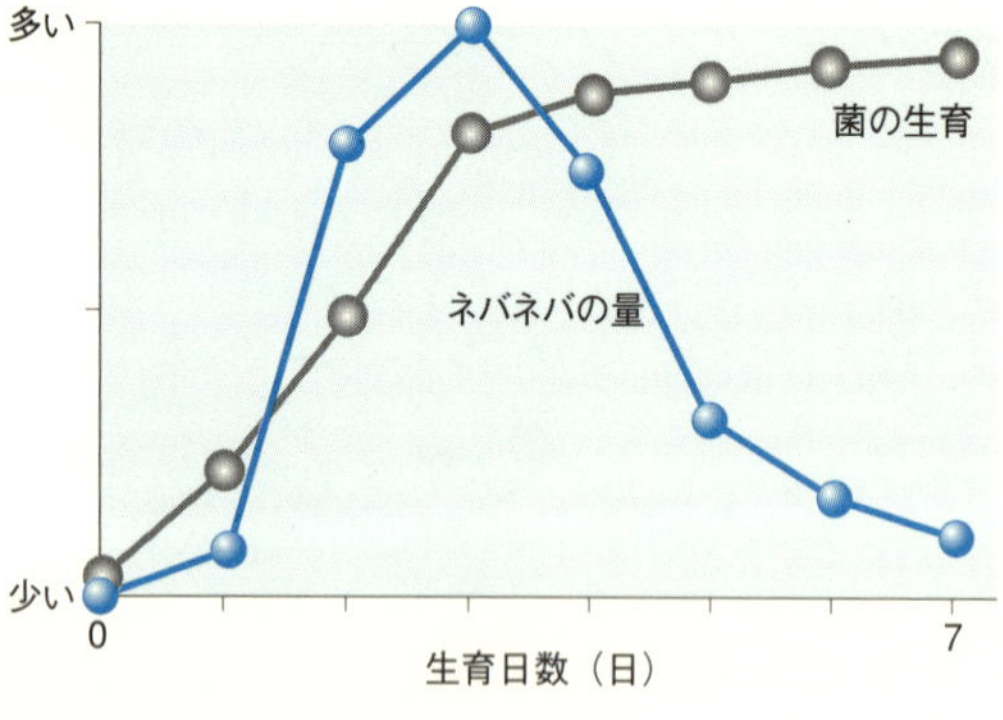

図62
納豆菌の生育とネバネバの量

える形に変換して確保するという、生き残り作戦[21]の結果なのです。つまり、人間は「大事だからとっておいて後から食べよう」と思っていた納豆菌の保存食を、横取りして食べてしまっているのです。もっとも、蓄えたご本人も一緒に食べているので、問題にはなりません。

このように、栄養がどのくらい自分の周辺にあるのかなど、外部の情報を細菌が知る仕組みを「クオラムセンシング」といいます。納豆菌は、フェロモンを細胞外に分泌し、周辺の栄養状態や混雑具合をモニターし、その結果によって遺伝子の活動を調整することができるのです。

こうしたすごい能力のある納豆菌ですが、実は環境浄化にも役立つことがわかっています。納豆菌が作るネバネバを汚れた水に投入すると、水中の汚染物質を吸着して沈殿し、水の透明度が改善します。この浄水能力は非常に高く、わずか500グラムの納豆のネバネバで100トンもの水が浄化できます。今では、水の循環のない公園や史跡、神社仏閣などの人工池や堀で、この水質浄化方法が利用されています。

この他にも、ネバネバには消臭、カビ取り、植物害虫防除などの機能もあります。納豆菌は、食に貢献してくれるだけでなく、環境にも貢献してくれているのです。

[21]『化学と生物』Vol.44, No.8, pp.569−572,(2006)

乳酸菌発酵の美味い魚

一般になれ鮨と呼ばれる滋賀県の特産品フナ寿司は、独特のにおいがある発酵食品です（写真63）。その起源は東南アジア由来、中国内陸部由来などの説がありますが、定説はありません。発酵食品の歴史はあまりに古いので、起源のわかっている発酵食品の方が少数なのです。海外では中国、タイなどにも類似の発酵食品があります。

フナ寿司は、にぎり寿司の元となった食品ですが、魚とごはんを合わせて味わうにぎり寿司とは異なり、ごはんは魚を発酵させるために使わ

写真63
フナ寿司
（提供＝望月水産）

れます。そのため、一般には魚だけを食べ、ごはんは食べません。しかし、産地ではごはんごと食べることも珍しくありません。

フナ寿司には大量の乳酸菌が付着しています。その数は魚1グラムあたり、数千万から1億程度で、主な菌はフナ寿司の風味のもとである乳酸、酢酸、プロピオン酸、酪酸などを作り出すラクトバシラス（*Lactobacillus*）と呼ばれる乳酸菌です。この菌はありとあらゆる食品に自然に付着している身近な細菌です。フナ寿司の発酵に関わる菌も、発酵に用いる樽の表面や、フナ寿司の漬け込みの際に加えられる前年に使用済みのごはんから自然に供給されているようです。

フナ寿司の原料はニゴロブナ（図64上）と呼ばれる琵琶湖産のフナですが、近年漁獲量の減少が続いています。これはコンクリートによる護岸で産卵場が減ったこと、水質が悪化していること、ブラックバス（図64下）によって淘汰されそうになっていることなどが原因です。そこで、ブラックバスをニゴロブナの代わりの食材として用いて、フナ寿司と同じ技法で寿司を作る試みもなされています。

フナ寿司の健康増進効果も研究され、フナ寿司には非常に強力なコレステロール低減効果を持つ乳酸菌が含まれていることも報告されています[22]。伝統的発酵食品は、その保存性ばかりでなく、細菌の働きによる健康増進効果も高いものと思われます。

[22] 日清食品プレスリリース
（2006年6月19日）

図64
フナ寿司に使われる魚
（上）ニゴロブナ　（下）ブラックバス

世界一臭い食べ物「シュールストレミング」

シュールストレミング（Surströmming）とは、スウェーデンの発酵ニシンの缶詰です（写真65）。春先のニシンを樽に漬け込み、乳酸菌による一次発酵を行います。一般的な缶詰の製造工程では、この段階で加熱滅菌を行って発酵をストップします。しかし、シュールストレミングでは加熱処理を行わず、発酵が進行中のままニシンを缶詰にします。そのため、流通中も缶の中で発酵が進みます（図66）。缶の中で発酵を行っているのは、乳酸菌の仲間のテトラジェノコッカス（*Tetragenococcus*）と嫌気性菌ハロアンエアロビウム（*Haloanaerobium*）です。この菌によって、ニシンは世界でも稀にみる食べ物へと変化していきます。

シュールストレミングは、世界で最も臭い食べ物として知られています。この強烈なにおい成分は、菌が二次発酵の過程で作り出すプロピオン酸、硫化水素、酪酸、酢酸などであろうと考えられています。シュールストレミングの缶は二次発酵で発生するガスによって丸く膨らんでいるのですが、ヘタに開けると、臭い液体が噴き出して、とんでもない目に遭います。そのため、缶には開封方法が詳細に記されており、一般には屋外でレインコートなどを羽織って開缶するようです。それでもよほど上手に処理しないと内容物が1メートル程度は噴き上がり、世界一臭いシャワーを浴びてしまうことになります。

同じ発酵食品でありながら、日本のくさややフナ寿司と異なり、シュールストレミングには保存食としての機能はありません。賞味期間を過ぎると発酵が進み過ぎ、腐敗の指標とされるアミン類が発生し、本当に腐敗してしまいます。この食品を見てい

写真65
シュールストレミング
〔提供＝中原道智（URL:http://www.michitomo.jp/）〕

バトル海産ニシン（3月）
↓
塩漬け（1日）
↓
頭・内臓を除去
（頭、内臓付きのシュールストレミングもある）
↓
塩蔵一次発酵（3～4ケ月）
↓
缶の中で二次発酵
↓
完成（8月）

図66
シュールストレミングの製造工程

ると、「発酵」と「腐敗」の境界は、国民性や伝統によって様々なのだということがよくわかります。

なお、シュールストレミングの名前にある「シュール（Sur）」は酸っぱい、ストレミング（stromming）はバルト海のニシンを意味します。

細菌と極寒地でのビタミン摂取

キビヤックとは、エスキモーの作る珍しい発酵食品です。

グリーンランド北部には、初夏になると日本のツバメを20センチくらいに大きくしたようなウミツバメの一種であるアパリアス（アッパリアホ）が大量に飛来します。これを空中に差し上げた網ですくいとるように捕獲し、翼を結わえます。そして、数十羽から数百羽のアパリアスを、内臓と肉を取り出して皮下脂肪だけにしておいたアザラシのおなかの中に詰め込み、アザラシの腸で作った丈夫な糸で縫い合わせます。このアザラシを土に埋め、上から石の重しを載せて数カ月発酵させます。すると、乳酸菌、酪酸菌、酵母などの働きで、ビタミン豊富な独特のにおいを発する食品キビヤックができあがります。

現在はもっぱら祝いの席の食品ですが、かつてエスキモーは獲物の少ない季節に備

写真67
ゆでたアパリアス
（提供＝Jocelyne OLLIVIER−HENRY）

えて、このようにして保存食を作っていました。

食べ方は、取り出したアパリアスをそのまま食べたり、キビヤックの汁を焼き肉のタレのように焼いたアザラシの肉につけて食べたりします。味は部位によって異なるようですが、全体としてチーズやヨーグルトの味だそうです。

グリーンランドやアラスカでは野菜を収穫することが困難なため、ビタミン不足に陥りがちです。そこで、細菌にビタミンを発酵生産させることで、不足分を補っていたのです。

なお、アパリアスは新鮮なう

ちに丸ごとゆでて皮を剥いて食べてもおいしいそうです（写真67）。

韓国の強烈アルカリ性食品

韓国の全羅道（チョルラド）の名産品に、発酵エイの刺身「ホンオフェ」があります。ホンオフェは、エイをわらなどでくるんで壺の中に詰め込み、10日間ほど発酵させて作ります。この発酵は、エイ自身が持つ消化酵素によって進行します。発酵したエイは、刺身のように切って食します。唐辛子ミソ（コチュジャン）ベースのタレをつけてサンチュに巻いて食べたり、キムチとゆでた豚肉を一緒に口に入れる三合（サマプ）と呼ばれる食べ方があります。三合は、キムチの酸味がホンオフェのアンモニア臭を抑えて、味わいがよくなるそうです。韓国のどぶろく「マッコリ」は、ホンオフェに最もよくあうお酒で、強すぎるアンモニア臭をよく抑えて、うまみをひきたててくれます。

ホンオフェの特徴は、なんといっても発酵によって発生するアンモニアです。日本では、食品の製造過程に微量のアンモニアを食品添加物として使用することはありますが、ホンオフェのようにアンモニア漬けのような食品は存在しません。ホンオフェを食べに何度も韓国に足を運んだという小泉武夫氏の著書『不味い！』（新潮文庫）には、このアンモニアのすごさを次のように表現しています。

「俺は（鼻と頭に襲い来るアンモニアで）涙を流しながら、ポケットの中にしまい込んでいた万能ペーパー試験紙の切片を1枚取り出し、それを鼻の穴の中に持って行って鼻息をフーン！と吹きかけてみた。（中略）ペーパー試験紙を青色に変えるのだが、その青も、濃青色を通り越して黒色に近い濃紫色に変わってしまったのである」

日本人からすると仰天するほど強烈なアルカリ性の食品ですが、全羅南道では10グラム2千～3千円もする、冠婚葬祭に欠かせない高級食材だそうです。

日本でもホンオフェを食べることができますが、その多くは発酵させていません。新鮮なエイの皮を剥いで身を薄く切り、酢に30分くらい浸けた後に野菜と唐辛子酢味噌で和えたものです。においもなくさっぱりしているので、日本人でも普通に食べることができます。ホンオフェに挑戦する際には、発酵させているかどうかを確認した方がよいでしょう。

くさやに活きる細菌たち

日本伝統の発酵食品で最も独特のにおいを醸し出しているのは「くさや」でしょう。くさやは、アオムロ、ムロアジやトビウオなどから作られる干物です（写真68）。シュールストレミングとは異なり、魚そのものは発酵していません。くさやは、魚を天日干しにする前にくさや液という液体に短時間漬け込むのですが（図69）、このくさや液が細菌によって発酵しています。

くさやの起源はよくわかっていませんが、歴史は室町時代まで遡るといわれています。発祥の地も不明ですが、くさやの生産が盛んな伊豆諸島では新島が元祖だとされていて、現在でも各島で製造されています。元々は、干物を作る際の防腐処理として塩水に浸けていたもののようです。ところが、塩は貴重品であったため、塩水を使い回していたところ、やがてその塩水に魚から溶け出した成分を栄養とする細菌が住み着いて発酵が始まったといわれています。くさや液は、作り替えられることなく代々受け継がれているため、茶色く粘性があり、強烈なにおいを発しています。

現在は、関東地方で酒の肴として比較的高値で取引されていますが、明治～大正時代のくさやは低級の干物として扱われ、低賃金労働者の食事でした。

写真68
春トビウオのくさや
（提供＝八丈島仲屋商店）

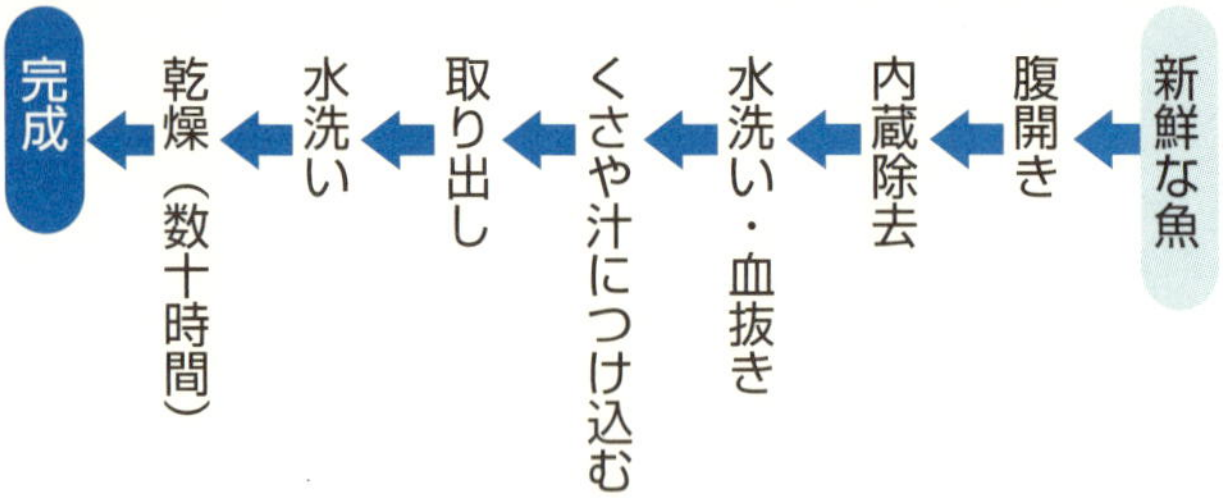

図69
くさやの製造工程

くさや液の細菌群は、腸内細菌同様、くさや液から取り出すと増殖できない菌が多いため、よくわかっていません。顕微鏡での観察結果では、便宜上コリネバクテリウム（*Corynebacterium*）属やシュードモナス（*Pseudomonas*）属、クロストリジウム（*Clostridium*）属などに含めている菌であるとされています。これらを総称して、好アルカリ・好塩菌のくさや菌と呼んでいます。この中には、1ミリリットルあたりで生きている細菌の数は、数千万から1億程度です。大腸菌などの食中毒の原因になるような菌が一切検出されず、見た目や製法からイメージするより、はるかに衛生的な食品です。

くさやは、通常の塩を使った干物よりも長持ちすることが知られていますが、これはくさや液から干物にうつったコリネバクテリウム属が抗生物質を分泌し、腐敗菌を抑制しているためだと考えられています。しかし、その抗生物質がどのようなものであるかは確認できていません。

3-4

細菌が生み出す「住」の豊かさ

細菌でプラスチックを生産

軽くて丈夫でどんな形にも成形できて着色も自由、しかも安価。プラスチックを使用するメリットは数え上げればきりがなく、これまで金属や木材などで作られていたものがプラスチックに置き換えられつつあります。最近では、自動車のエンジン部品のような、プラスチックで作るなど考えられなかったものにまで、プラスチックが使われ始めています（写真70）。

そんな便利なプラスチックにも、大

写真70
プラスチックで作られたエンジン部品（インテークマニホールド）
（提供＝宇部興産株式会社）

きな問題があります。プラスチックは廃棄されても分解されません。また、安易に焼却すると有害物質を大気中に放出してしまいます。そもそも、原料として大量の化石燃料を使用する上に、製造・加工過程で莫大なエネルギーが必要なため、あまり環境に優しいとはいえません。そんな問題を解決するのに登場したのが、生物によって生産・分解されるバイオプラスチックです。

このバイオプラスチックは、大きく3つの種類があります。微生物が発酵生産する「微生物系」、植物・動物・海洋性生物繊維を加工する「天然物系」、植物などの糖質を原料に化学反応で作る「化学合成高分子系」です（図71）。

ペットボトルなどに使われるポリエステルは、その多くが化学合成によって製造されていますが、細菌の中には、エネルギー貯蔵物質としてポリエステルを細胞内に作るものが100種類以上知られています。このような細菌を上手に育ててやると、細菌の乾燥重量の70パーセントにも相当するバイオプラスチックを得ることができます。元々は納豆菌のネバネバと同様、貧困時にエネルギーとして分解利用するためのポリエステルなので、細菌によって容易に分解されます。バイオプラスチックが分解されるために必要な時間は、その場にどのような細菌がどれくらい生息しているかによって異なりますが、微生物豊富なコンポスト内で1〜4週間くらいです。室内などの条

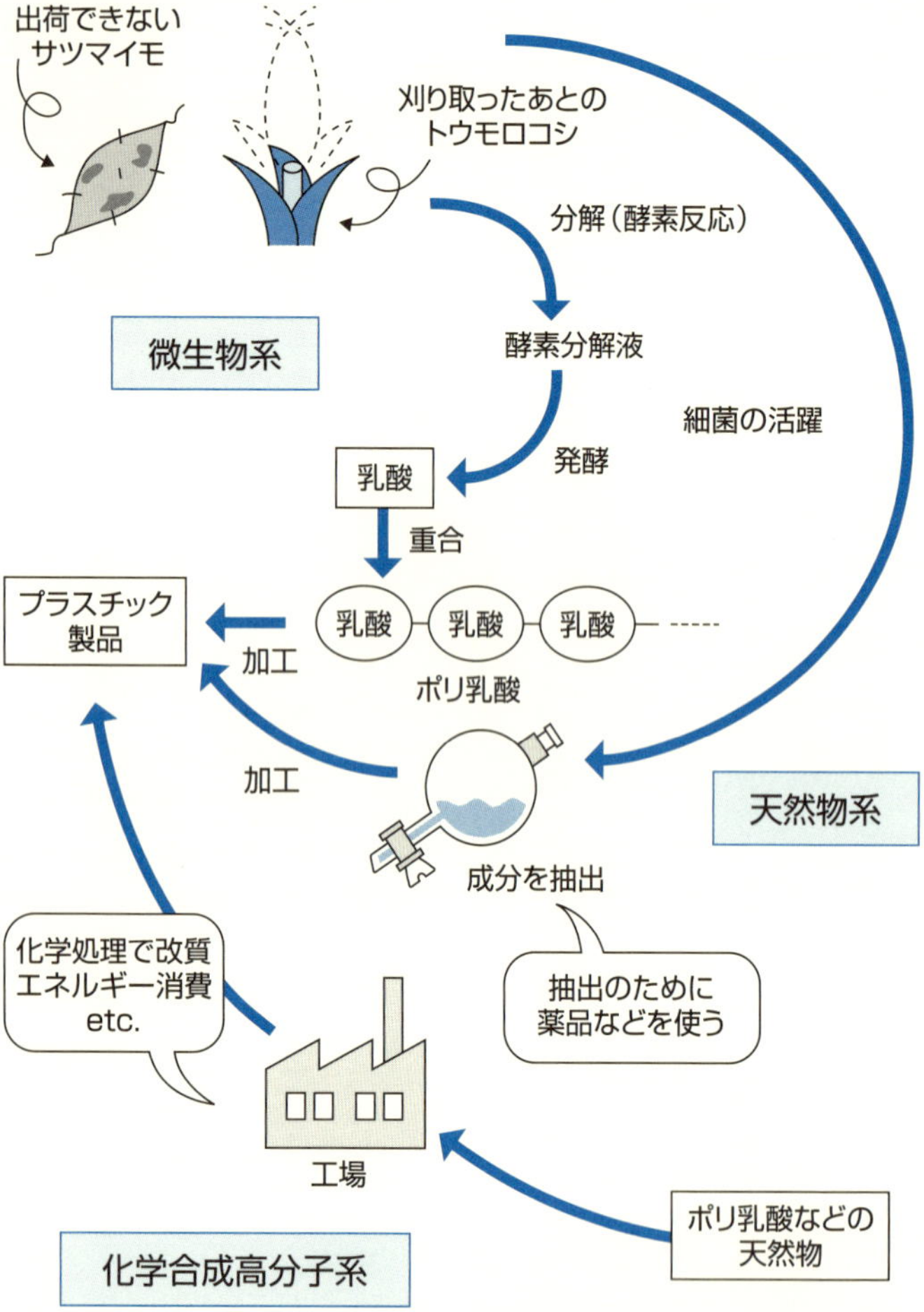

図71

バイオプラスチック3種類

天然物由来のバイオプラスチック生産には3通りあるが、最もクリーンなものは微生物系。天然物系は成分抽出過程で細菌の代わりに薬品などを使用するためクリーン度は劣る。ただ、製造工程がより安定していて速いというメリットがある。化学合成高分子系はエネルギーを消費するため最も環境負荷は高いが、精密機器にも使用できる高品質なものが生産できる。

件下では5年以上はかかるでしょう。よって「漬け物を入れておいたら食卓の上で分解してしまった」ということはありません。

このように自然に分解されるプラスチックですが、自由に廃棄してもよいというわけではありません。環境保護とプラスチック利用のメリット・デメリットを考えた場合、バイオプラスチックを大量に使い捨てることがよい選択だとはいえません。現在は、丈夫なバイオプラスチックを洗浄して何度も使うことが求められており、添加物で分解する期間を延ばし、再利用できるようにしたバイオプラスチックもあります。ただし、この場合は添加物の環境負荷や健康への影響の問題が発生してしまいます。

プラスチックというのは、根本的に環境保護とすり合わせ難しいもののようです。けれど、今からプラスチックを使わない生活に戻ることは難しいため、わずかでも環境負荷の軽い方策を考える必要があります。今後はバイオプラスチックのリサイクル手順を確立するなど、より一層適切な使い方を考えることが求められます（図72）。

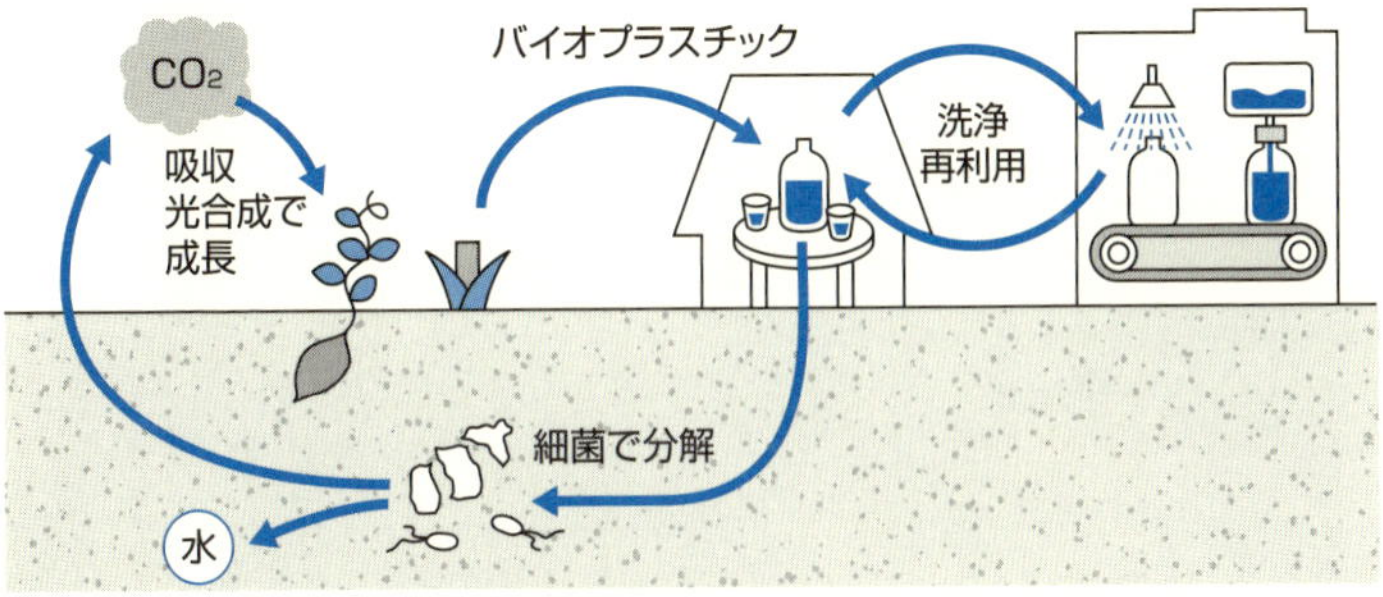

図72
バイオプラスチックのリサイクル

バイオプラスチックは、最終的な処分段階では細菌によって水と二酸化炭素に分解される。生成した二酸化炭素は元々植物によって大気中から吸収されたもので、再び植物によって吸収されるため、大気中の二酸化炭素を増加させることはない。

細菌による発電──バイオ燃料電池

燃料電池とは、水素と酸素による化学反応で電力を作り出す装置です。水素の持つ化学エネルギーを直接電気エネルギーへ変換するので、火力発電所や原子力発電所とは異なり、熱として逃げていくエネルギーがありません。そのため非常に効率が高く、携帯電話のような小さなものから発電所のような巨大なものまで、広範に対応できる能力を秘めています。燃料電池は水の電気分解の逆反応（$2H_2+O_2 \rightarrow 2H_2O$）によって電力を取り出すため、温室効果ガスを放出しないクリーンなエネルギーとして注目されています。燃料電池は、用いられる化学反応によっていくつかのタイプ（図73）に分けられるますが、その中の一つに電極に酵素や細菌を使ったバイオ燃料電池があります。

燃料に水素を用いる際の問題は、どのようにして水素を得るかという点にあります。水素は宇宙空間で最も量が多い元素であるにも係わらず、地球上で純粋な水素を得るのは意外と困難です。一般には化石燃料に含まれる炭化水素から取り出したり、水の電気分解などによって水素を得ます。しかし、このように燃料を作るために燃料を使ったのでは、正味のエネルギー収支を考えた場合に、決して水素燃料電池がクリーンなエネルギーとは言えなくなってしまいます。電気分解の電力源には風力や太陽光を

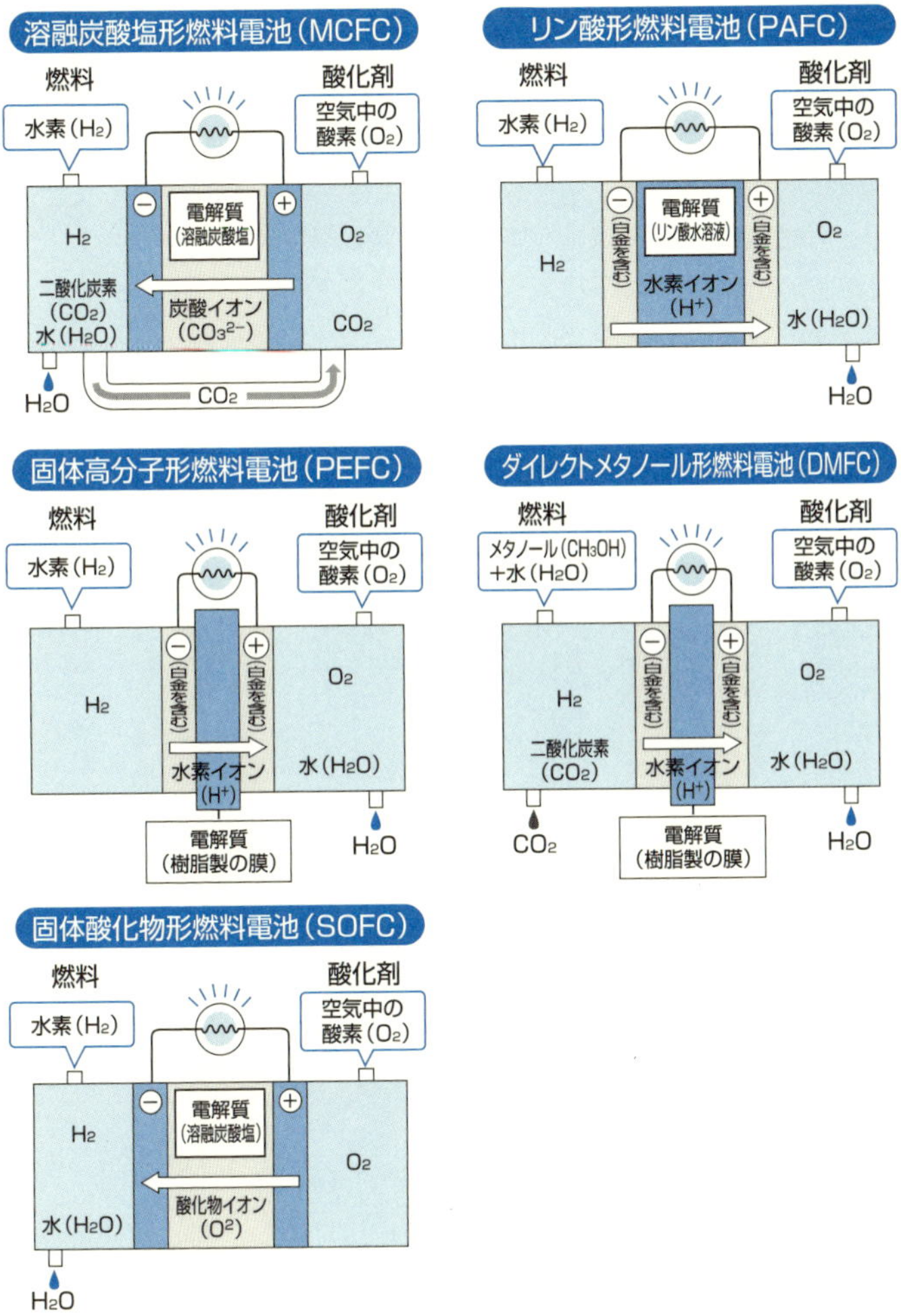

図73

いろいろある燃料電池

燃料電池には主に5タイプあり、いずれも水素（あるいはその原料）を供給する必要がある。各タイプで出力や起動に要する時間、運転コストなどが異なる。ダイレクトメタノール形は燃料供給が容易、低温で動作し、小型軽量化が可能などの長所があるが、二酸化炭素を大気中に放出する。

使うことも想定できますが、この場合も、得られた電力を水の電気分解に使わずにそのまま電力源として使用した方が効率の点で優れています。

一方、バイオ燃料電池は、生ゴミなどに含まれる糖質などの生物由来の資源から、微生物や酵素などの機能を利用して電力を取り出すものです（図74）。バイオ燃料電池には特に決まった形態はなく、電極や燃料源に何を使うかは、研究者によって試行錯誤が行われている段階です。一例として、燃料に生ゴミを使ったバイオ燃料電池では、硫酸還元菌のデサルフォビブリオ・ブルガリス（*Desulfovibrio vulgaris*）などがマイナス極の電極として使用されます。この細菌は、生ゴミを分解する時に、生ゴミ中のブドウ糖などから電子を取り出します。これを電極に渡してやることによって、電気を得ることができます。水素はもちろん、燃焼や冷却も必要としないので、得られる電力は非常にクリーンなエネルギーです。しかも、同時に生ゴミ処理までできてしまう特典付です。

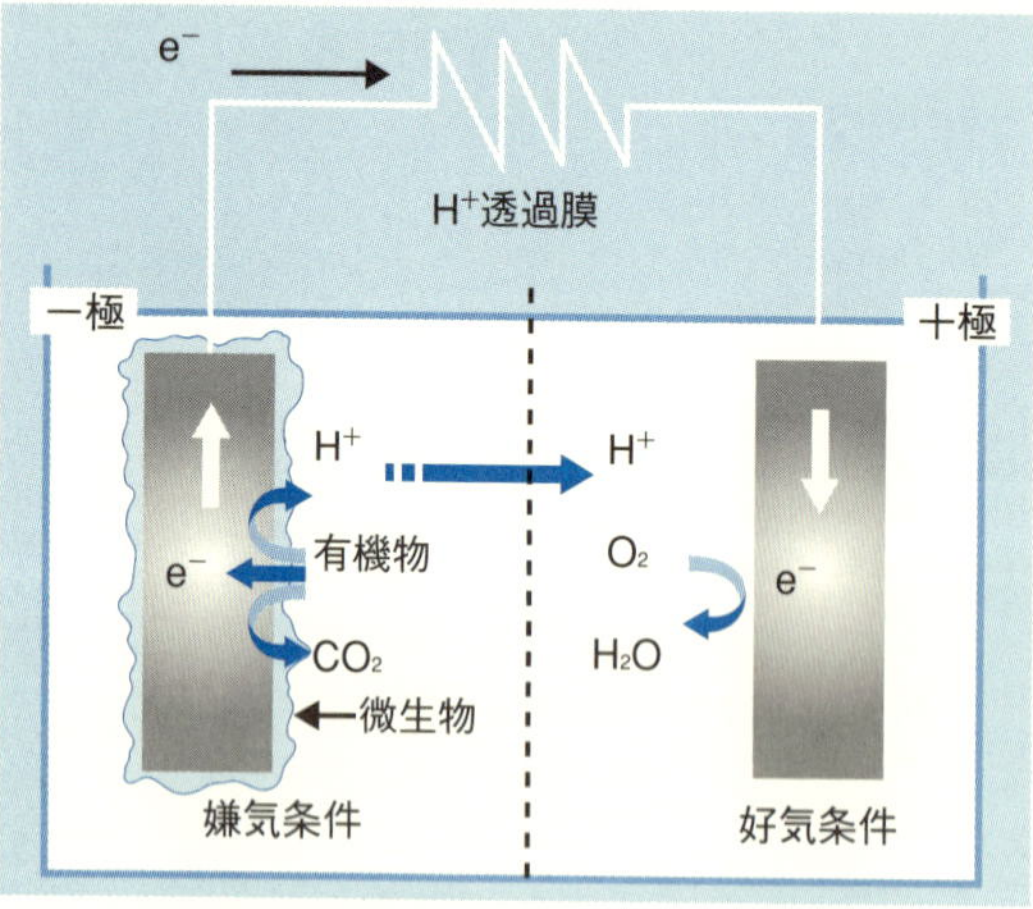

図74
バイオ燃料電池の模式図
一極では生ゴミ、つまり有機物を細菌が分解する際に電極に電子が渡され、水素イオンは特殊な膜を通って+極側に移動する。この反応によって電流が生じるため、水素の供給が必要ない。

図75
未来の車はリンゴジュースで走るかも
大出力のバイオ燃料電池が自動車に搭載されたら、燃料はリンゴジュースになるかもしれない。

バイオ燃料電池は、糖分があれば発電できます。リンゴジュースで発電できますし、血液中の糖類を利用すれば体内に埋め込む電池を作り出すこともできます。このような電池を、埋め込み型ペースメーカーの電源に使用する研究も期待されています。ただ、現在は1平方メートルの電極を用意してやっと小さな電球を灯すことができる程度の電気しか得られていません。現状ではパワー不足のバイオ燃料電池ですが、将来はスーツケースくらいの大きさで、細菌が分解できるものを何でも適当に放り込むことによって家電品の電気をまかなえるようにすることを、研究者たちは夢見ています（図75）。

次世代クリーンエネルギー水素を取り出せ

前述のバイオ燃料電池を応用すると、細菌に水素を作らせることもできます。

２００５年に発効した京都議定書において、日本は温室効果ガスの削減を約束しています。この約束を守るために、２０１０年以降の長期展望として、政府は水素エネルギー社会の実現を、エネルギー政策の中核の一つと位置づけています。

水素が次世代のエネルギー源の一つとして注目されている理由は、水素は燃焼すると水になり、地球温暖化を起こすと考えられる二酸化炭素を排出しないばかりか、ガソリンなどの化石燃料に比べ、3倍もの熱エネルギーを持っているためです。ただ、現在提案されている水素の製造方法は、天然ガスの改質や水の電気分解によるもので（図76）、製造過程も含めたトータルなエネルギー収支では、必ずしもメリットが得られない点が問題となっています。この問題を解決する方法の一つとして、水素の製造に工場や発電所から放出される廃エネルギーを利用することが検討されていますが、もう一つの可能性として、細菌による水素生産が期待されています。

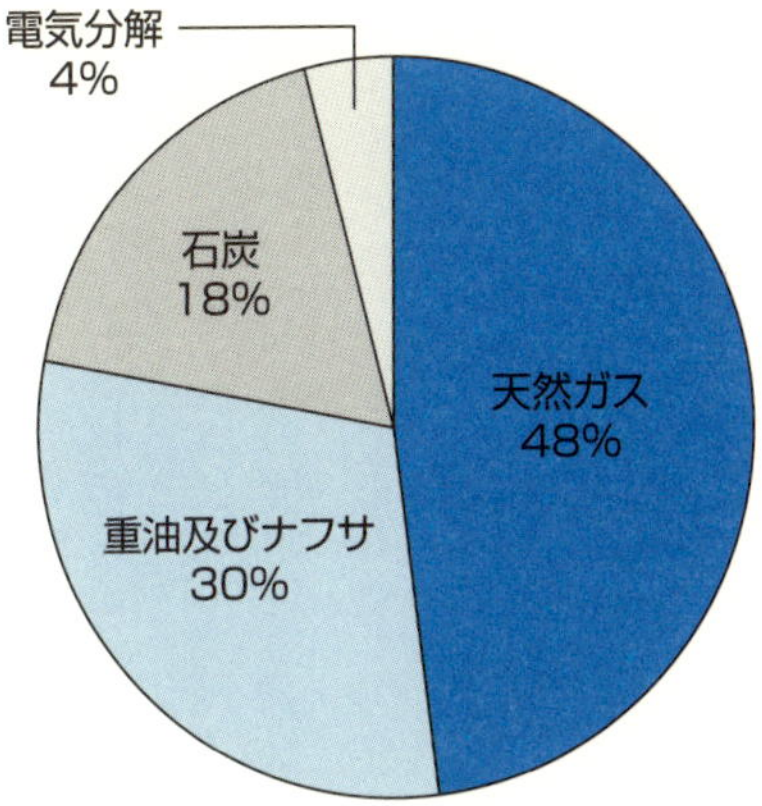

図76
アメリカにおける水素生産の原料
生産される水素の半分は天然ガスを原料としている。このような化石燃料から生産した水素はコストが高いため、水素エネルギー普及の障害となる可能性がある。

バイオ燃料電池では、マイナス極に貼り付けられた細菌によって有機物が二酸化炭素と水に分解される際に電子が生じ、プラス極で酸素が還元されて水になることによって電子の流れが発生し、電池として機能します。この原理を応用して、マイナス極で酸素の代わりに酢酸と水を燃料として用い、電子がマイナス極からプラス極に流れるようにしてやれば、理論上はプラス極表面で水素を得ることができます（図77）。

しかし残念なことに、この反応は自然な状態では進行しません。反応を起こすには、電圧が必要だからです。そこで、ペンシルベニア大学のホン・リューらは、足りない電圧を外部から補う[23]ことを考えました。これには電源が必要ですが、純粋に電力で水を加水分解するよりは、はるかに少ないエネルギーで水素を得ることができます。実

㉓ “Environ. Sci. Technol.”, 39, pp.4317-4320, (2005)

験では、少なくとも4カ月は水素ガスを安定して生産したことから、非常に実用の可能性が高い方法であると思われます。

現在、多くのバイオ燃料電池は、生物由来資源の分解能力が高い菌群を正確に分離すること無しに用いているケースがほとんどです。これは、生ゴミは様々な物質が混在していて、複数の種類の協調作業によって分解が行われるからですが、今後、水素の発酵生産に関わっている細菌の種類を確認し、遺伝子組み換えなどの技術でより多くの水素ガスを発生させる菌株を生み出すことができれば、非常に有効な水素生産方法になる可能性を秘めています。2003年8月、三重県のRDF（ゴミ固形化燃料）発電所で死者を出した大爆発事故が起きましたが、この事故は、生

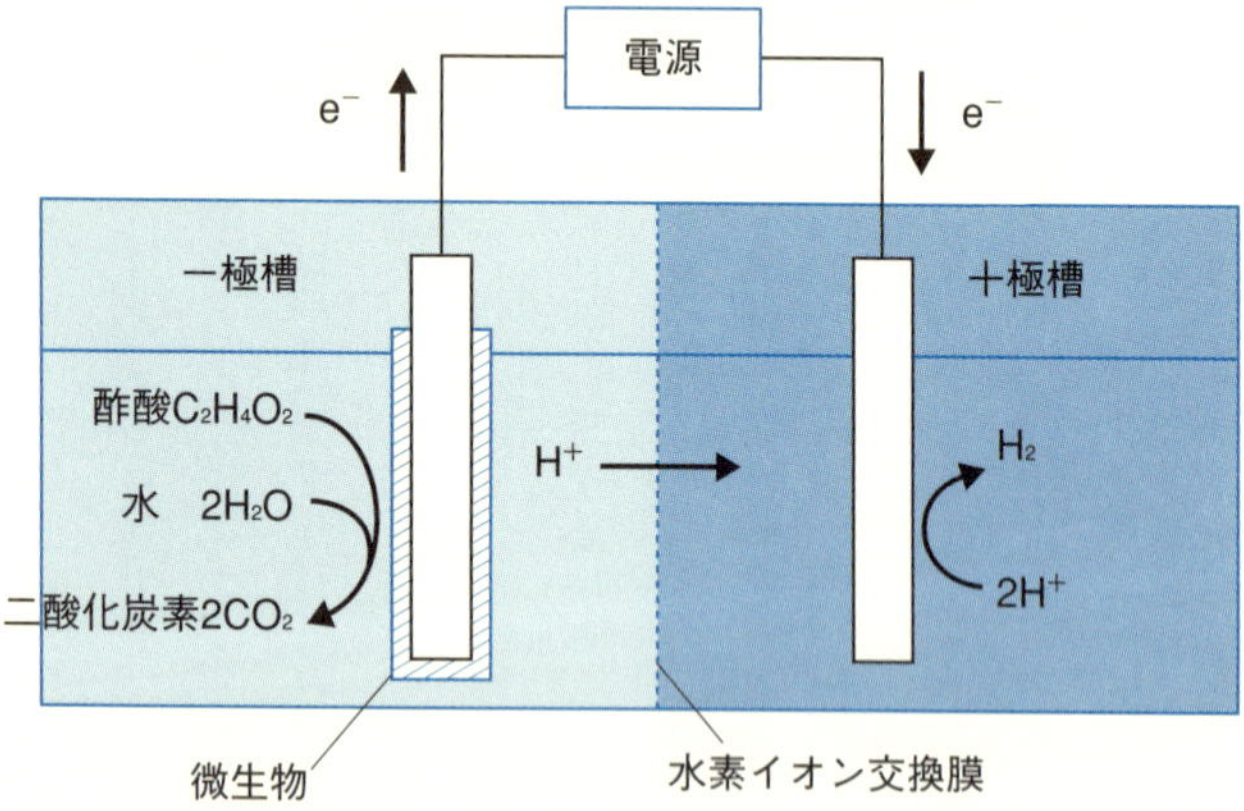

図77
微生物燃料電池を応用した水素生産法

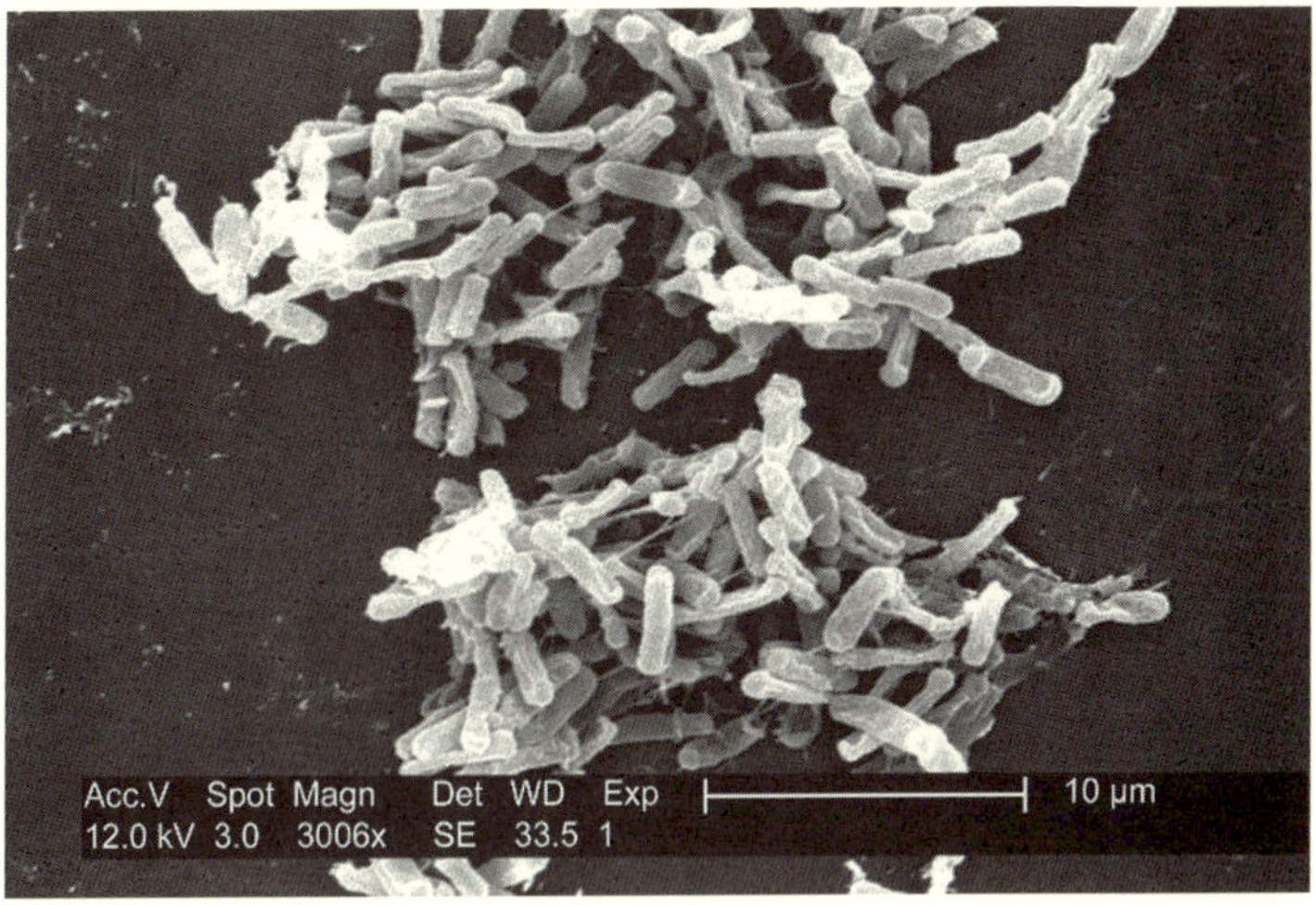

写真78
クロストリジウム・ディフィシレ
（提供＝CDC/Loin S. Wiggs）

ゴミに生息していたクロストリジウム（*Clostridium*）属の水素生産菌（写真78）が、燃料生産時の乾燥工程をくぐり抜け、RDF貯蔵サイロ内で水素を発酵生産し、爆発したことが原因です。水素生産菌の水素産出能力は、このような悲惨な事故を引き起こすくらい強力なのです。

さらに、炭水化物、アミノ酸、タンパク質、動物の排泄物など、原料の種類を問わず効率よく水素の発酵生産を行う菌を見つけることができれば、将来的にはマイナス極に投入する燃料に、生ゴミだけでなく汚水などを利用することも可能です。そうすれば、より一層製造コストを下げることができるかもしれません（図79）。

フンからメタン

家畜排せつ物法では、家畜が排泄する糞尿の放置や垂れ流しを禁じ、堆肥としての利用の促進を図るように定めています。多くの畜産廃棄物は活性汚泥処理で浄化した上で自然環境へ放出されていますが、1997年に当時の厚生省が発表した「汚泥再生処理センター」構想では、メタン発酵・発電によるエネルギー回収やコンポスト化が目指されていました。

　メタン発酵とは、糞尿のような有機物から微生物の働きによって燃料として使用できるメタンを得ることです。糞尿からメタンを作るプロセスには、多くの細菌が係わっています。タンパク質や脂質などを小さく分解する菌、それを酢酸やアルコールにさらに細かく分解する菌、酢酸やアルコール以外の物質を酢酸と水

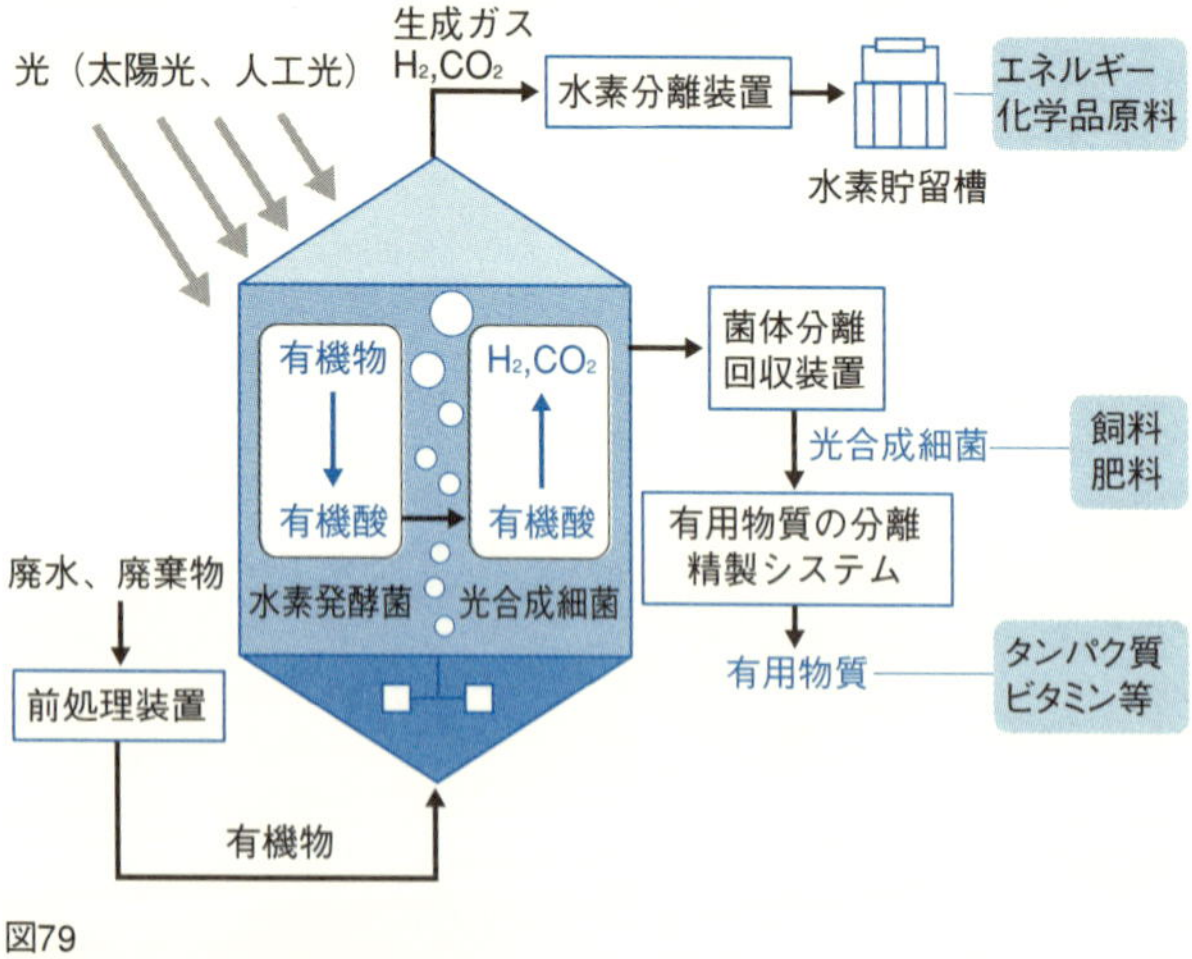

図79
細菌による水素生産の流れ
原料として排水や廃棄物が使えることが、化石燃料から水素を作る方法に比べて最も優れた点。水素を取り出した廃棄物から飼料やビタミンなどを得ることも可能だ

素に分解する菌、水素からメタンを作る菌、酢酸からメタンを作る菌、などです。

北海道の酪農学園大学では、学内で飼育している家畜の糞尿を用いたメタン生産の実証プラントを運用しています[24]（図80）。このプラントは、250立方メートルもの発酵槽と30キロワットの発電装置を備えた本格的な設備で、乳牛の糞尿を毎日10立方メートル処理でき、メタン濃度55パーセントのバイオガスを、毎日250立方メートル得ています。大学では、このバイオガスを発電に使用して一般家庭の50〜60軒分もの電力を得ています。電力を得た後の廃棄物は栄養分を含む無臭の液体なので、有機肥料として牧草地に散布され、牛のエサとして循環しています。また、発電の過程で出た熱は、温水を作り出すなど無駄なく利用され、卒業のシーズンには「牛たちからの贈り物」として、露天風呂と足湯で卒業生の労をねぎらう行事が行われています。

海外に目を向けると、ゴミの分別・リサイクルに熱心なサンフランシスコでは、行政がペット糞尿のリサイクルに取り組んでいます。この地でゴミ回収をしている業者によると、家庭から出される廃棄物のうち、約4パーセントがペットの糞尿だということです。そこで市の提案で、公園などにゴミ回収業者がフンポストを設置してペットの糞を回収し、燃料に転用する計画が持ち上がっています。

サンフランシスコ市内で飼われているイヌは推定約12万匹とされ、これらの糞は現

[24] 宮川栄一『化学と生物』Vol.40, No.2 p.90, (2002)

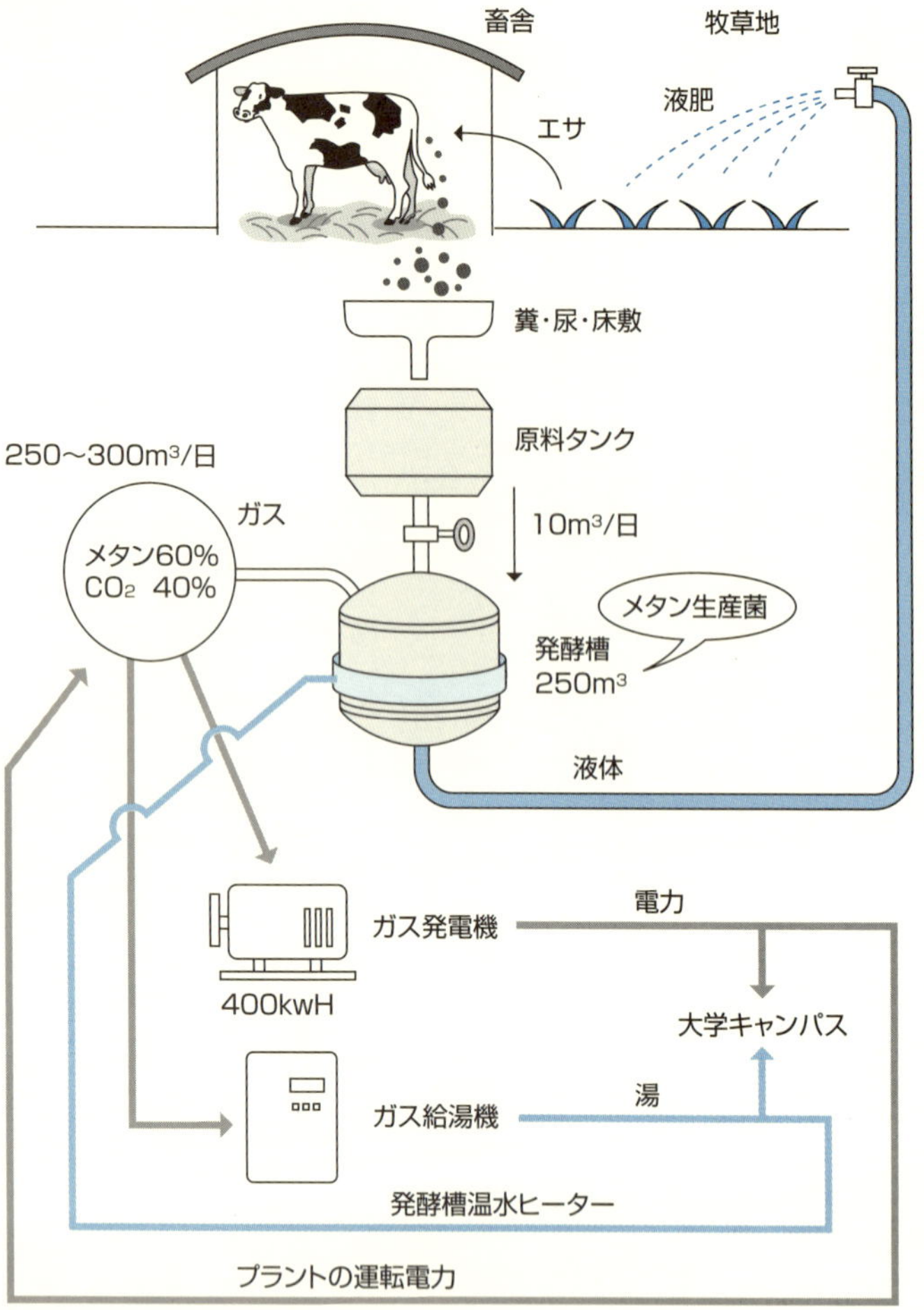

図80

酪農学園大学のメタン生産実証プラント

牛糞・尿・床敷わらはプラントに投入されてメタン生産菌による発酵処理を受ける。発生したメタンガスは発電機と給湯器に使用し、液体成分は肥料として牧草地に散布。電力と湯は、一部はプラント運転に使用し、残りは大学内で消費される。

在は埋め立て処理されています。回収したイヌの糞は、細菌によってメタン発酵処理し、得られたメタンを発電や発熱に利用したいとのことです。ヨーロッパでは、すでにこれら廃棄物を利用したバイオマスエネルギーの活用が実用化されているので、廃棄物を利用したクリーンエネルギーの確保に、サンフランシスコ市も動き始めたということでしょう。サンフランシスコでは、２０１０年までにゴミの75パーセントをリサイクルし、２０２０年には埋め立てゴミのゼロを目標[25]としています。

また、前述の水素発酵と組み合わせ、廃棄物から第一段発酵で水素を取り出し、その残渣を第二段発酵でメタンを取り出すという、廃棄物処理を兼ねたクリーンエネルギー生産方法[26]も考え出されています。この方法は、二つの性質の異なるクリーンエネルギーを得られるメリットの他、単一発酵生産よりも総エネルギー効率が高い点でも優れています。

美しい音楽を醸し出す

女性ボーカルの突き抜けるような素晴らしい高音を思う存分堪能したければ、迷わずバイオセルロースヘッドフォンを選びましょう。バイオセルロースヘッドフォンでは、電気信号を空気の信号に変換して耳に伝える部品である振動板に、冴える高音が

●振動板
ヘッドフォンの構造はスピーカーと同じで、細い金属線を巻いたボイスコイルを互いが接触しないように円筒状の永久磁石に被せる。ボイスコイルに電流、つまりオーディオの信号が入ると、ボイスコイルが振動する。その振動を音に変換するために取り付けてあるのが振動板。

㉕ CNN News（2006年2月22日）
㉖独立行政法人産業技術総合研究所プレスリリース（2004年7月14日）

評判の、細菌が作ったバイオセルロースが採用されています。

スピーカーの振動板は、一般にはパルプやポリプロピレンが使用されますが、金属や木を採用するスピーカーもあります。それぞれに特徴的な音楽を奏でるため、スピーカーの材質選びはオーディオ選択の楽しみの一つです。1970年代のオーディオブームの頃に一世を風靡したソニーのAPM（Accurate Pistonic Motion）平面振動板には、カーボンファイバーやアルミニウムが採用されていました。アルミニウムは、パルプに比べて音の伝達速度が3倍以上速く、優れた音響振動特性を持っています。

このアルミニウムと似た性質を持つ素材を、細菌は作ることができます。それが、アセトバクター・キシリナム（*Acetobacter xylinum*）が作り出すバイオセルロースです。音の伝達速度はアルミニウムと同等。しかも共振しにくく、特に高音域の音響振動特性がよいので、高い声を再生すると、非常にすばらしい音楽を醸します（図81）。

アセトバクターは酢酸菌の仲間ですが、自分で酢酸を食べてしまう困りもので、酢の醸造の過程でしばしば汚染菌として出現します。この菌を適した条件で生育させると、ブドウ糖からセルロースを作り、都合のよいことにそれを細胞の外に分泌します。そのセルロースはリボン状で、約8時間で1ミリメートル紡ぎます。細菌1個あたりのセルロース生成量は多くないように思えますが、細胞の量は膨大なので、静置して培養すれば、数日で空気との境界に分厚いセルロースの塊を作ります（写真82）。

バイオセルロースの用途は、オーディオ機器に留まりません。生体適合性の高いバイオセルロースは、やけどなどを負った箇所を一時的に保護する代替皮膚などにも応用されています。身近なところだと、ナタ・デ・ココが有名です。このデザートは、細菌をココナッツ果汁の中で生育させてできたバイオセルロースそのものです。

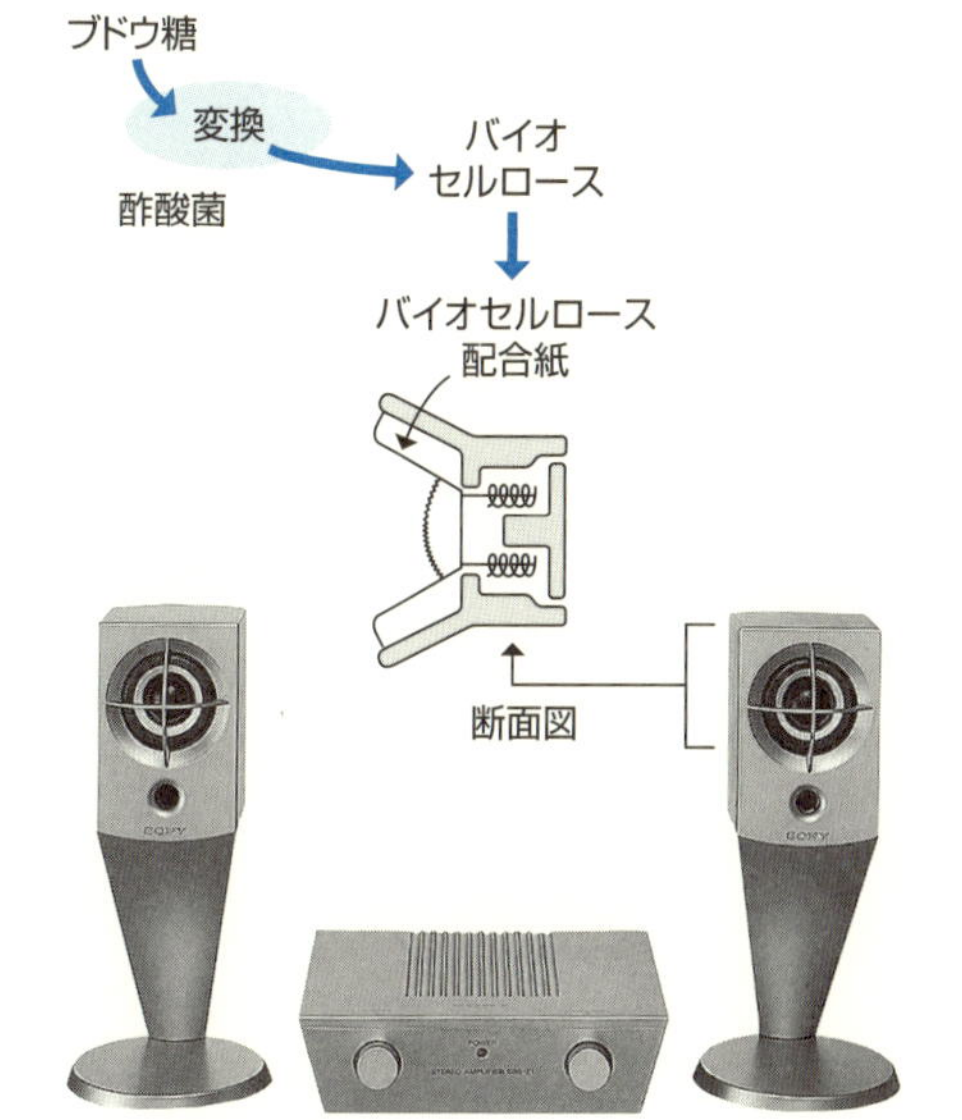

図81
バイオセルローススピーカー
微生物が作り出したバイオセルローススピーカーを採用したオーディオ（ソニーSRS-Z1PC）の例。
（提供＝ソニー株式会社）

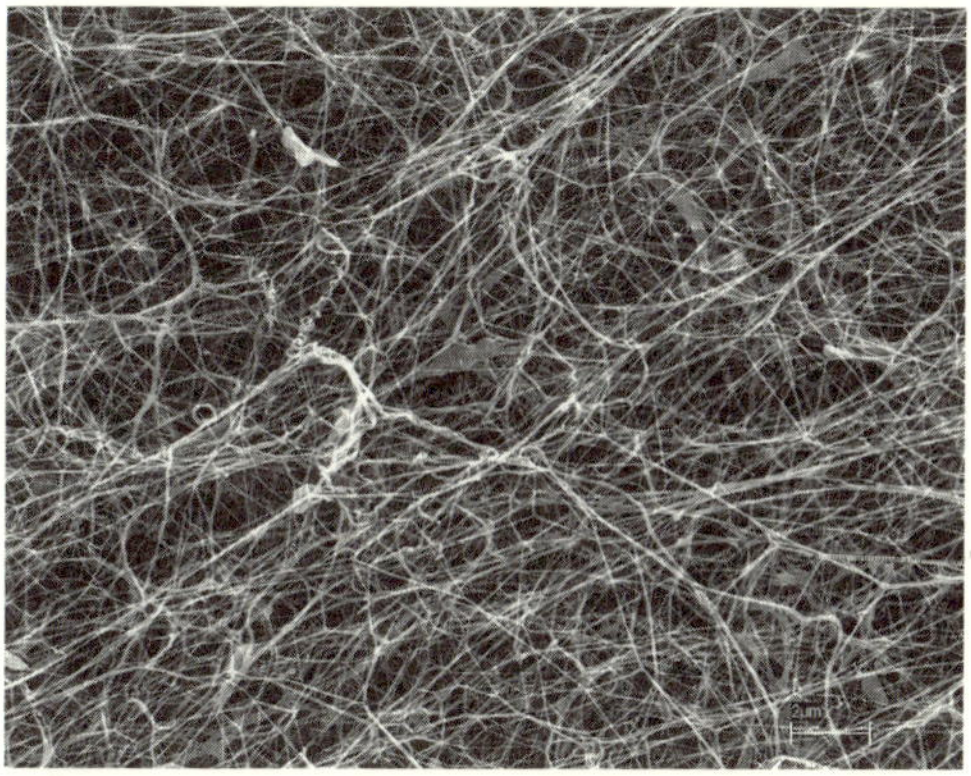

写真82
バイオセルロースの電子顕微鏡写真
アセトバクター・キシリナムによって紡ぎ出されてたセルロース。

ミクロなコラム②

発酵生産に革命をもたらしたスゴい日本人

酢酸発酵のメカニズムを世界で初めて解明した日本を代表する微生物学者である飴山實は、1926年小松市の醤油醸造家に生まれました。1950年に京都大学を卒業後、大阪府立大学農学部助手、静岡大学助教授、山口大学教授、関西学院大学教授などを歴任し、日本における応用微生物学研究の礎を築きました。この間、日本の発酵食品の要・酢酸菌の分離同定に尽力するとともに、遺伝子資源としての酢酸菌株の保存・整備の中心人物として活躍し、1868年にパスツールが報告した酢酸発酵を、世界で初めて酵素化学的に解明しました。この功績は、国際的に極めて高く評価されています。

また酸化細菌の研究の中で酸化還元酵素の新しい補酵素PQQを見つけ、さらに哺乳類にもPQQを発見し、世界の注目するところとなりました。PQQには細菌の生育を促進する作用があります。これを用いて様々な物質の工業的発酵生産性を著しく高めることに成功し、世界の発酵生産の進展に大きく寄与しました。山口大学在任時代の1988年には「酢酸菌の生化学的研究」で日本農芸化学会功績賞を受賞し、酢酸発酵の世界的権威者となったのです。

飴山實
（提供＝飴山實教授退官記念事業会）

飴山實は、俳人としても有名でした。沢木欣一が戦後創刊した「風」に参加。自らも「楕円律」を創刊し、戦後の俳壇で活動しました。後に無所属となり、結社を持たず公平な俳句評論に定評を得、1998年から朝日新聞の俳壇選者として活躍。その最中、2000年3月に腎不全のため帰らぬ人となりました。享年73歳でした。

第4章

人智を超えた細菌パワー

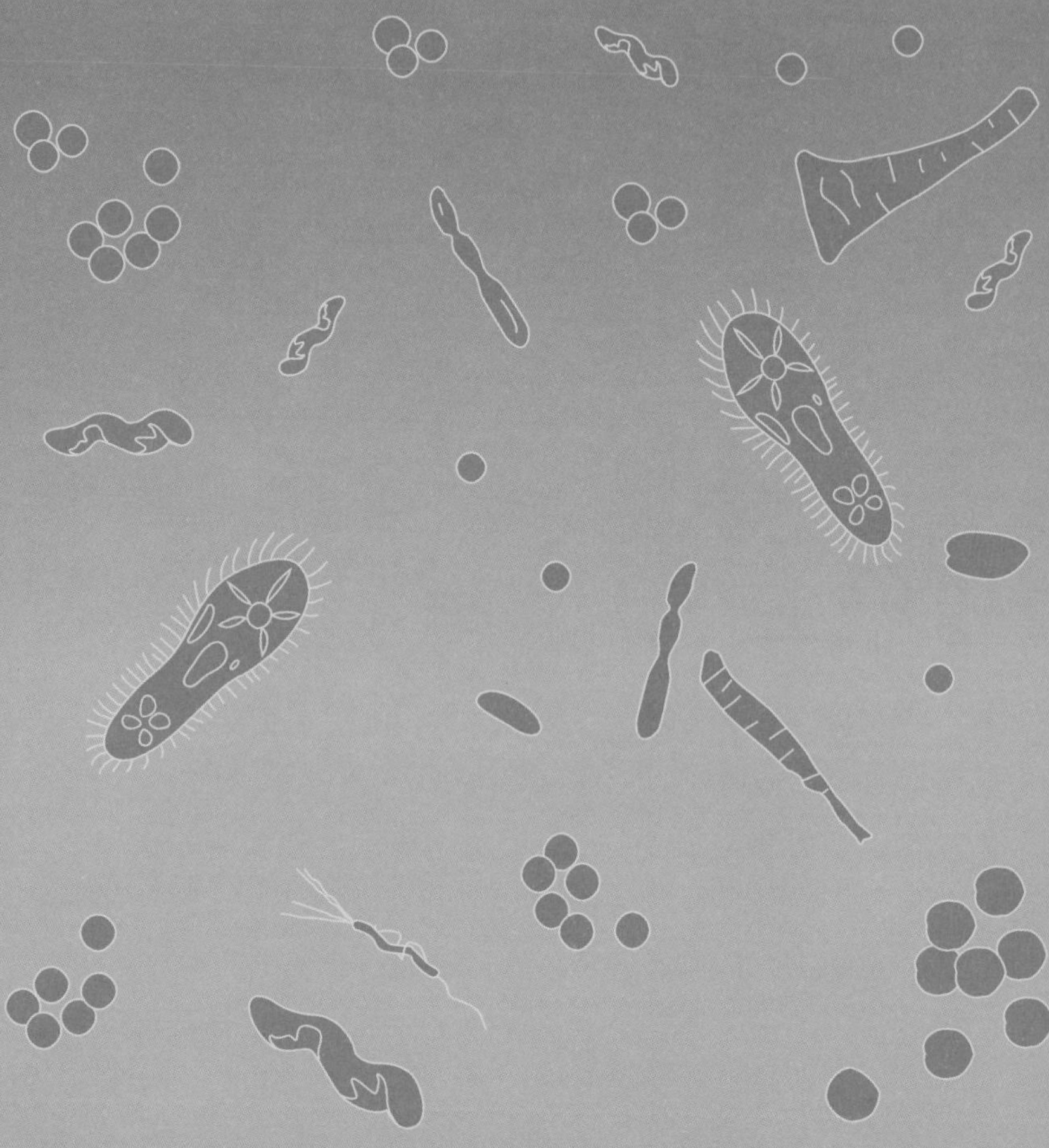

4-1 魚類を光らせる細菌

光る魚類の多くは発光器を持っていますが、それは発光細菌を充填した袋のようなものです。光る魚としてよく知られているヒイラギ科では、食道を取り囲むように存在する発光器の中に、1億個もの発光細菌を詰め込んでいます。この細菌はフォトバクテリウム（*Photobacterium*）属と呼ばれ（写真83）、魚類と共生関係を結んで発光器の中に収まっているものの他、単体で水中を浮遊しているものもいます。

魚に共生しているフォトバクテリウムは、糞などに紛れ込んで放出され、他の魚の口から取り込まれる水平感染で魚類との共生関係を広げていることが知られています（図84）。無菌状態で飼育したヒイラギの稚魚には、発光器はあるものの中はカラッポです。無菌ヒイラギを飼っている水の中にフォトバクテリウムの菌液を加えると、2日程度でフォトバクテリウムは稚魚の口から発光器に取り込まれ、稚魚は光り始めます。取り込まれた細菌は発光器の中でも増殖を続けますが、口につながる水路を通って自由に外界と行き来できるようにもなっていて、菌の出し入れで発光を調節しています。

この調節の仕組みはクオラムセンシングといわれる方法です。納豆菌が保存食であるネバネバを作り出すきっかけになるのと同じ反応で、自分が生息している環境に自分の仲間がどれほどいるかを感知して、それに応じて物質の産生をコントロールしています。

発光細菌では、ルシフェラーゼと呼ばれる発光に関与する酵素の合成量が信号役になっています。発光が意味をなさない環境では、発光器から発光細菌が放出されます。そ

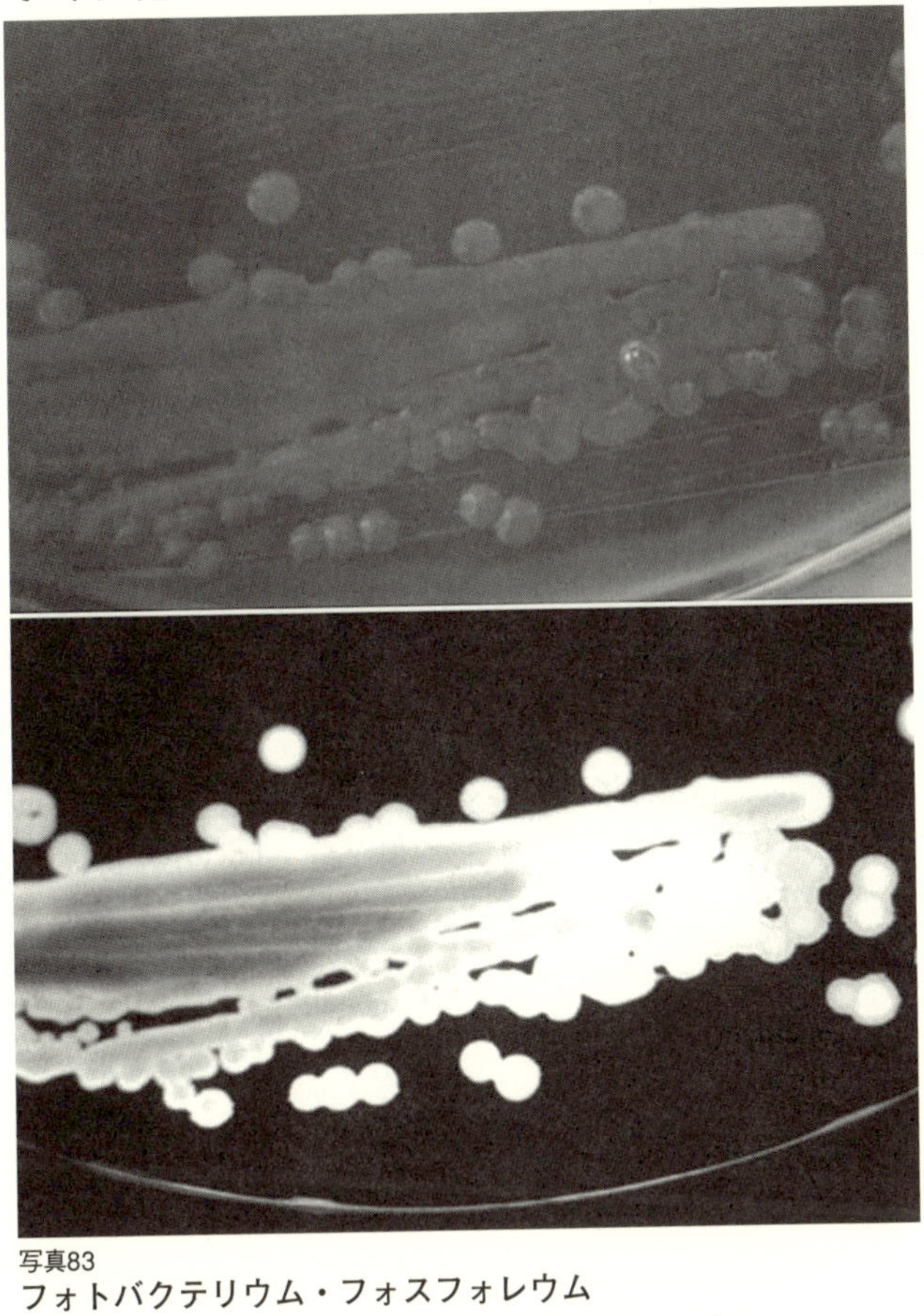

写真83
フォトバクテリウム・フォスフォレウム

写真上は通常の照明で撮影。照明を暗くすると写真下のように光る。
〔提供=Piotr Madanecki (http://www.biology.pl/bakterie_sw/index_en.html)〕

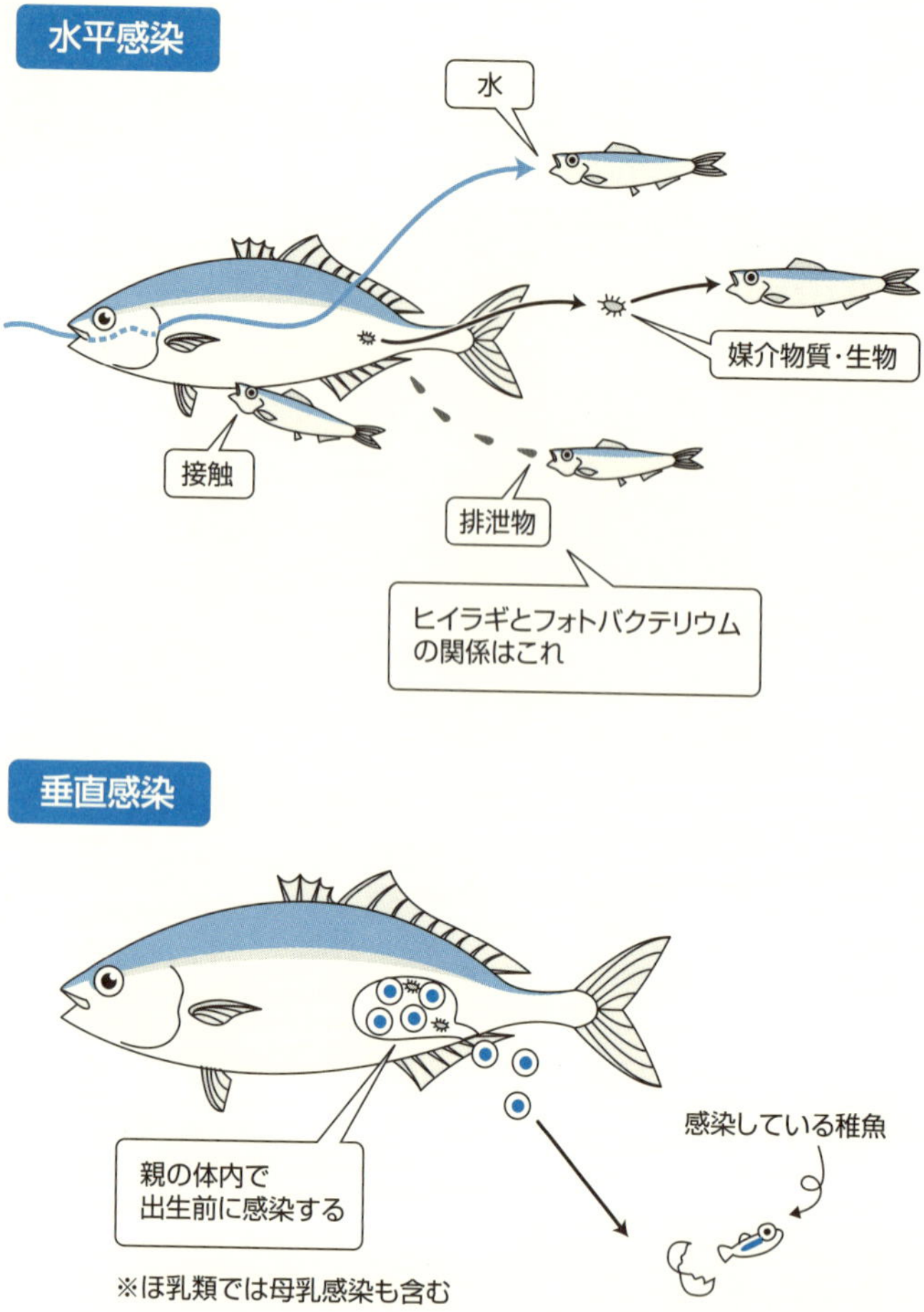

図84
水平垂直感染

共生生物などが個体から個体へ感染する方法には水平感染と垂直感染の2通りがある。ヒイラギとフォトバクテリウムは、糞を介した水平感染の一例。垂直感染は親から子へと感染するもので、胎内感染や母乳感染などがあげられる。

のような条件下では、ヒイラギの糞に大量の発光細菌が含まれており、糞の排泄後には海が光っているほどです。

魚類が発光することの意味は、大きく三つが知られています。一つはカウンターイルミネーションと呼ばれる役割です。光が差し込む海中では、自分より深い場所にいる捕食者が上を見上げると、自分の姿がシルエットになって目立ってしまいます。そこで、自分自身が光ることによってその姿を目立たなくするのです。二つ目はエサとなる生物の誘引です。光ることでエサの注意を惹きつける方法で、チョウチンアンコウなどが有名です。三つ目は同種間のコミュニケーションツールとしての発光です。一部の海洋生物では、発光器の点滅を使ってお互いに役割分担をしながら集団で狩りをするものが知られています。

なお、クオラムセンシングが発見されたのは、ここで紹介した海洋細菌の発光システムが最初の例ですが、納豆菌はもちろん、病原細菌であるシュードモナス・エルギノーサ（*Pseudomonas earuginosa*）など様々な種類の細菌もクオラムセンシングを行っていることが確認されています。クオラムセンシングは、現在では発光、病原性因子放出、菌体外酵素放出、菌体外多糖産生、抗生物質産生、運動性の発現などを制御している、細菌同士のコミュニケーションツールとして、広く認識されています。

4-2 磁石を作る細菌

細菌が自分の好物に向かって泳ぐ走化性についてはすでに1—3で紹介しましたが、細菌には地球の磁力に沿って泳ぐものもいます。

この細菌を調べてみると、成長の過程で鉄イオンを取り込んで細胞の中で結晶化し、大きさ約50ナノメートルの鉄酸化物や、鉄と硫黄の化合物の磁性粒子（マグネタイト）を数百から1千個も合成していることがわかりました。それらが細菌の体内で磁石の役目を果たしていたのです。さらに、マグネタイトは10～20個ずつがリン脂質の膜に覆われて、マグネタイト同士が引き寄せあって細胞内で一塊になってしまうことを防いでいました。電子顕微鏡で観察すると、リン脂質で覆われたマグネタイトは、細胞を貫く繊維のような構造物にまとわりつくように1列に並び[27]、マグネトソームと呼ばれる細胞内構造物を構築しています。

このように細胞内に磁石を合成する細菌を磁性細菌と呼び、特に地磁気に沿って移動する細菌を走磁性細菌と呼んでいます。走磁性細菌の仲間としては、アクアスピリラム・マグネトタクティカム（*Aquaspirillum magnetotacticum*）MS—1、マグネトスピリラ

●ナノメートル
1ナノメートルは1ミリメートルの1千分の1のさらに1千分の1の長さ。

㉗『化学と生物』Vol.45, No.3 pp.154−156, (2007)

ム・グリフィスダルデンス（*Magnetospirillum gryphiswaldense*）ＭＳＲ—１（写真85）など複数の菌が確認されています。

走磁性細菌の作り出す磁石は、その大きさが50～１００ナノメートルと非常に小さく質もよいので、これを医薬品への応用することを考えていている研究者がいます。その一例が、抗ガン剤への応用です。

ガンは自分自身の細胞が体内で異常増殖する疾患なので、薬剤でガン細胞を攻撃することは、自分の細胞を攻撃することでもあります。抗ガン剤は活発に増殖する細胞に強いダメージを与えるため、ガン細胞だけでなく小腸細胞など分裂が旺盛な細胞も攻撃するという副作用が発生します。この副作用を抑えるために、磁性細菌の作る微細な磁石に抗ガン

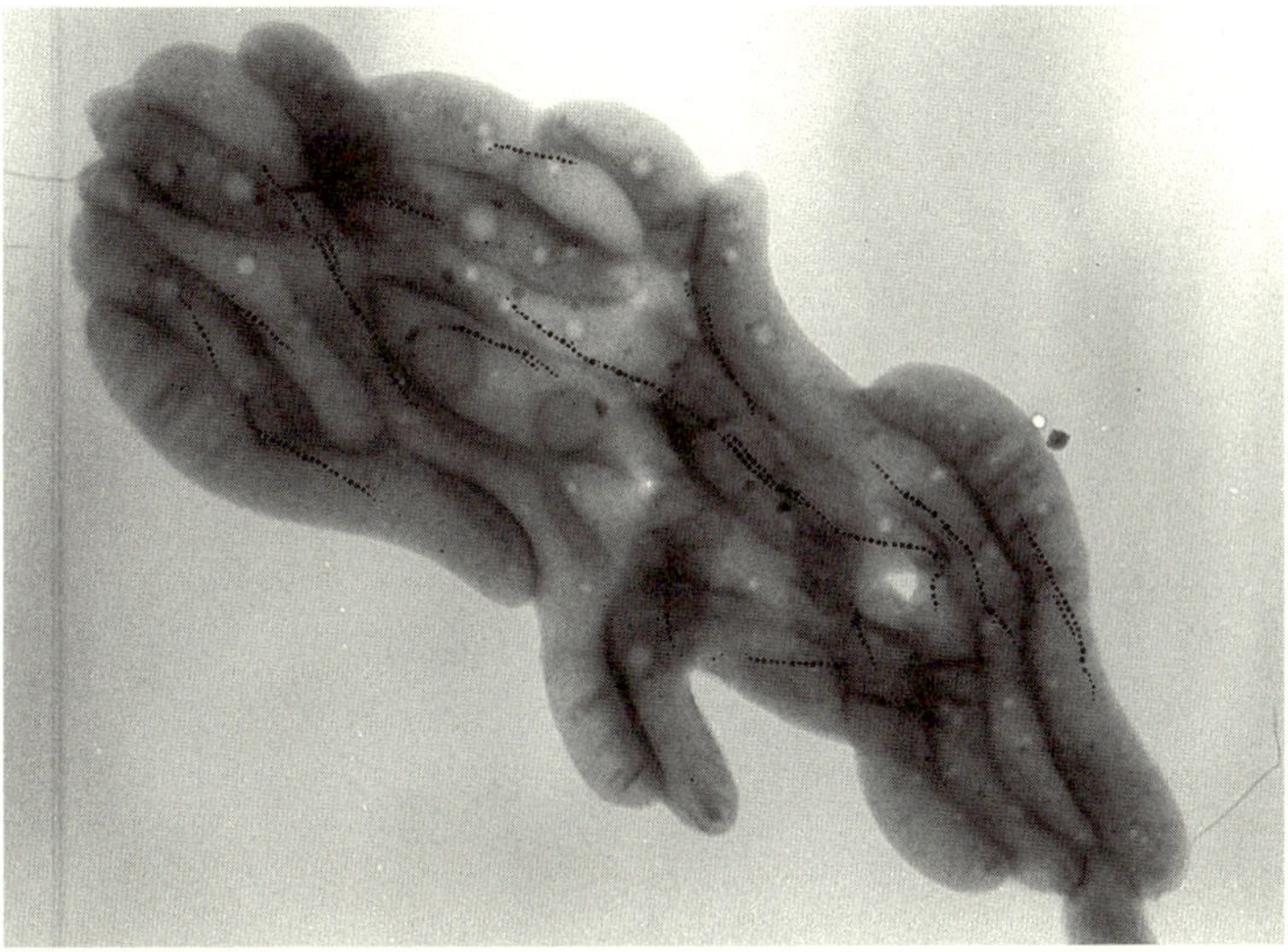

写真85
マグネトスピリラム・グリフィスダルデンス MSR-1
細胞の中に見える黒い粒々が磁石。
〔提供＝福森義宏（金沢大学理学部生物学科生体分子生理学研究室教授）〕

剤を運ばせる方法が考えられています。磁石に抗ガン剤を結合させるなどの加工を施し、それを患者に飲んでもらって、外部から磁石で薬剤を病巣に誘導しようというわけです（図86左）。これが成功すれば、ガンの副作用である消化機能の低下や毛髪の脱落を防ぐことができるかもしれません。

また、工場排水などに含まれる有害な金属を除去するためにも磁性細菌は使用されています。磁性細菌は、菌体そのものが磁石にくっつくため、金属の含まれた排水中で磁性細菌を育て、排水中の金属を細胞に吸着させた後に、磁石でそれらの細菌を回収すれば、容易に排水中金属が除去できます。実際に、ニッケルやテルルを含む液体中で磁性細菌を培養したところ、細菌内に作られたマグネタイトの磁力によって、溶液中のニッケルやテルルが細菌の細胞の中に取り込まれ、結晶になることが確認されました。さらに、この細菌を磁石で回収することにも成功し、磁性細菌が生物学的環境修復（バイオレメディエーション）に利用できることが確認されました（図86右）。

なお、体内に磁性体を持つ生物は、細菌以外ではサケやマグロ、ハトやミツバチなどが知られています。こうした磁性体は、渡りや回遊、帰巣など、地磁気を感知して方角を知る能力に関連していることがわかってきています。

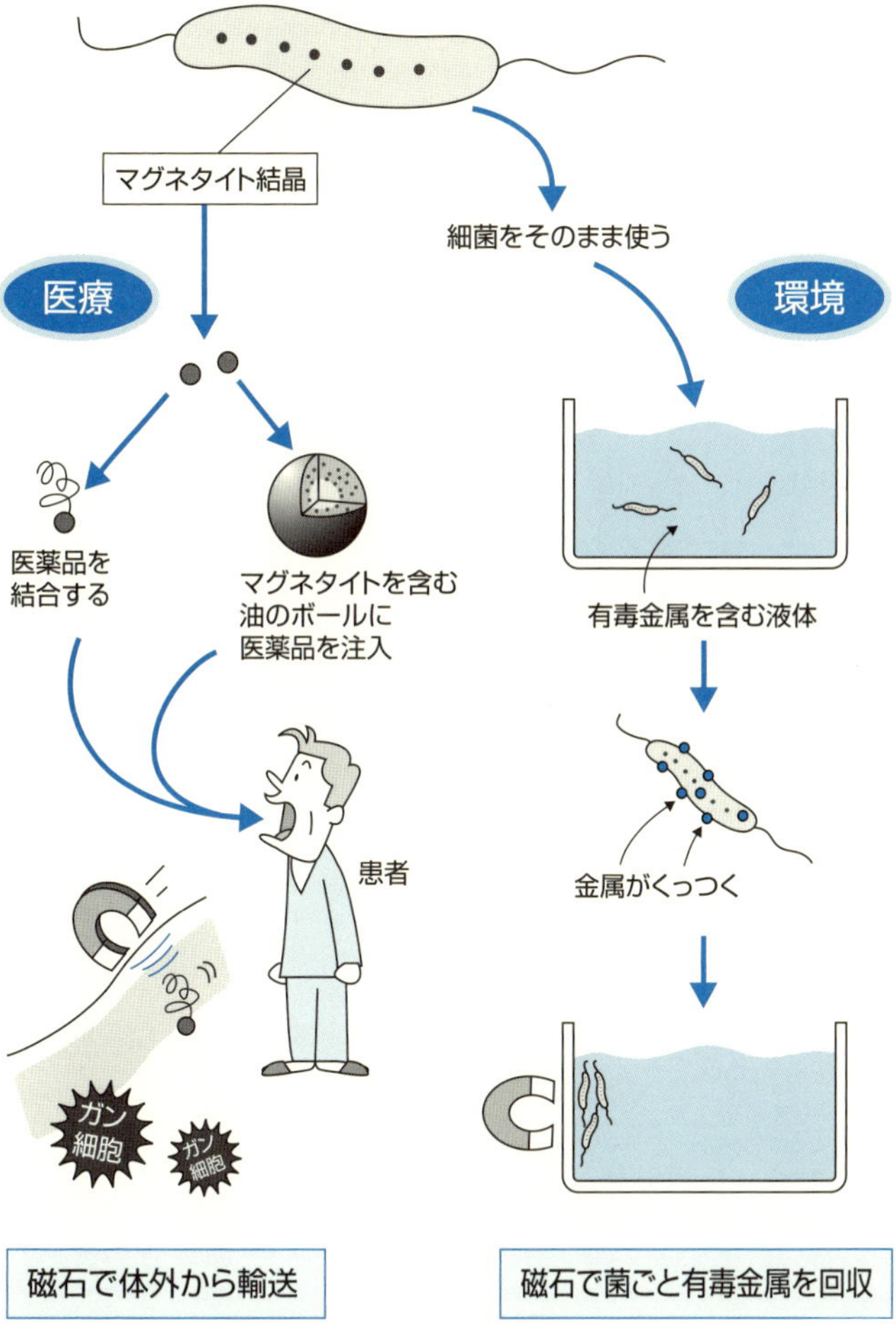
マグネタイト結晶
細菌をそのまま使う
医療
環境
医薬品を
結合する
マグネタイトを含む
油のボールに
医薬品を注入
有毒金属を含む液体
患者
金属がくっつく
ガン
細胞
ガン
細胞
磁石で体外から輸送
磁石で菌ごと有毒金属を回収

図86
磁性細菌の利用

4-3 バイオ人工降雪機

アメリカのバイオベンチャー、アドバンスト・ジェネティックス社が、１９８０年代にアメリカで「スノーマックス」[28]という製品を発売しました。これはある特定の細菌を殺菌粉末にしたもので、バイオ人工降雪機と言うべきものです。

水が凍結する温度は、その水の純度や周辺の環境、水滴の大きさによって異なります。水は0度で凍るものだと一般には考えられていますが、不純物やゴミの混じっていないきれいな水は「振動を与えない」「ゆっくり温度を下げる」などの条件を満たすと過冷却という現象が発生し、マイナス39度付近まで凍りません。ところが、シュードモナス・フルオレセンス（*Pseudomonas fluorescence*）ＫＵＩＮ―１と呼ばれる細菌を添加すると、それよりも高い温度で凍ってしまいます。

化学の知識のある読者は「それは細菌自身が凝結核になったのだから当然」と思われるかもしれませんが、細菌によって凝結温度を上げる作用のあるものとないものがあります。基準となるきれいな水がマイナス22度で凍るように実験条件を設定した時、シュードモナス・フルオレセンスＫＵＩＮ―１入りの水は、それよりはるかに高いマ

㉘『衆議院議事録　第107回国会』科学技術委員会，第5号

イナス3度で凍ってしまいます。その他の細菌を同条件で実験すると、大腸菌ではマイナス20度、乳酸菌はマイナス19度で凍結し、何も添加しない時とほとんど変わりませんでした[29]（図87）。シュードモナス・フルオレセンスＫＵＩＮ―１には、明らかに水を高い温度で凍結させる働きがあるようです。このように、水の凍結温度を上昇させる一群の細菌を、氷核活性細菌と呼びます。

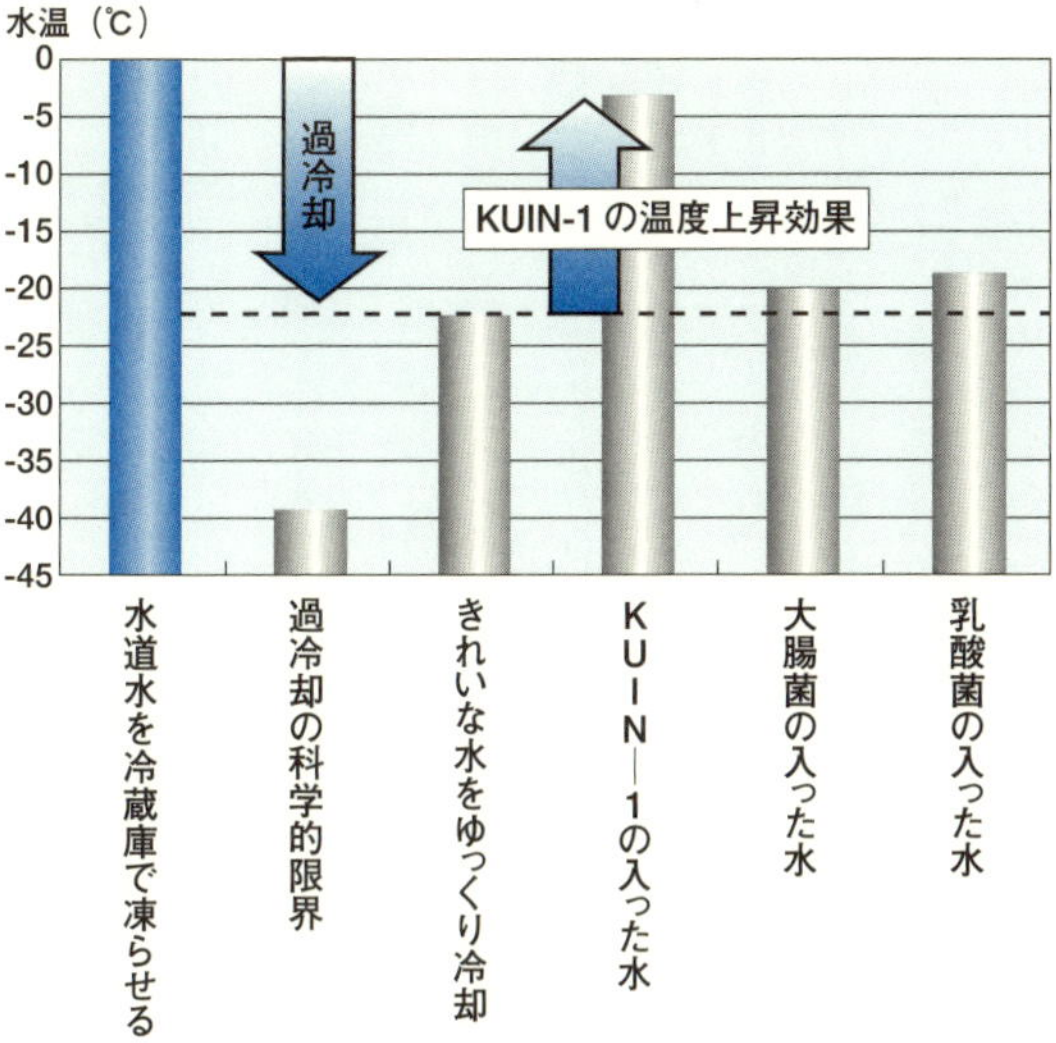

図87
氷核活性細菌の効果

　凍結温度の上昇は、菌体が凝結核になるのではなく、菌体が産生して細胞外に分泌する氷核タンパク質、糖、脂質、ポリアミンから構成される複合物質によるものです。空気中の水分は、マイナス7度以下に冷却されると雪になります。ところが、氷結活性タンパク質が存在していると、マイナス0・5度で雪になることがわかり

㉙飴山實・小幡斉著『生活とバイオ』関西大学出版部

るのです。

ました。そこで、水をホースから霧のように噴き出し、その中に殺菌して粉にした氷核活性細菌を混ぜておけば、気温が0度を切る程度で容易に雪を降らせることができるのです。

この技術は、1988年のカルガリー冬期オリンピックで大々的に使用されました。この時に用いられたのはシュードモナス属（*Pseudomonas syringae*）の殺菌菌体で、現在は前述の通り「スノーマックス」の商品名で日本にも輸入されています。

最近では、この氷核活性細菌を食品に利用しようという研究もあります。例えば、アイスクリームの中に氷核活性細菌を入れると、なかなか溶けないアイスクリームができます。というのも、氷結活性細菌は水が凍る温度を上昇させますが、いったん凍ると今度はなかなか溶かさない作用を持つからです。こんなアイスクリームなら、炎天下でいつまでもおいしく食べることができそうです。ただし、人工降雪機に使ったシュードモナス属細菌にはにおいや色があるため、食品添加物としては不適です。そこで、遺伝子組み換え技術で氷結活性蛋白遺伝子を別の食べられる細菌に組み込んでやれば、食用の氷結活性細菌ができる可能性があります。遺伝子を組み込む細菌として有力なのは、ラクトバチルス（*Lactobacilus*）属細菌です。この細菌は、牛乳を原料とする発酵食品の中に普通に存在しているので、においもなく安全です（図88）。

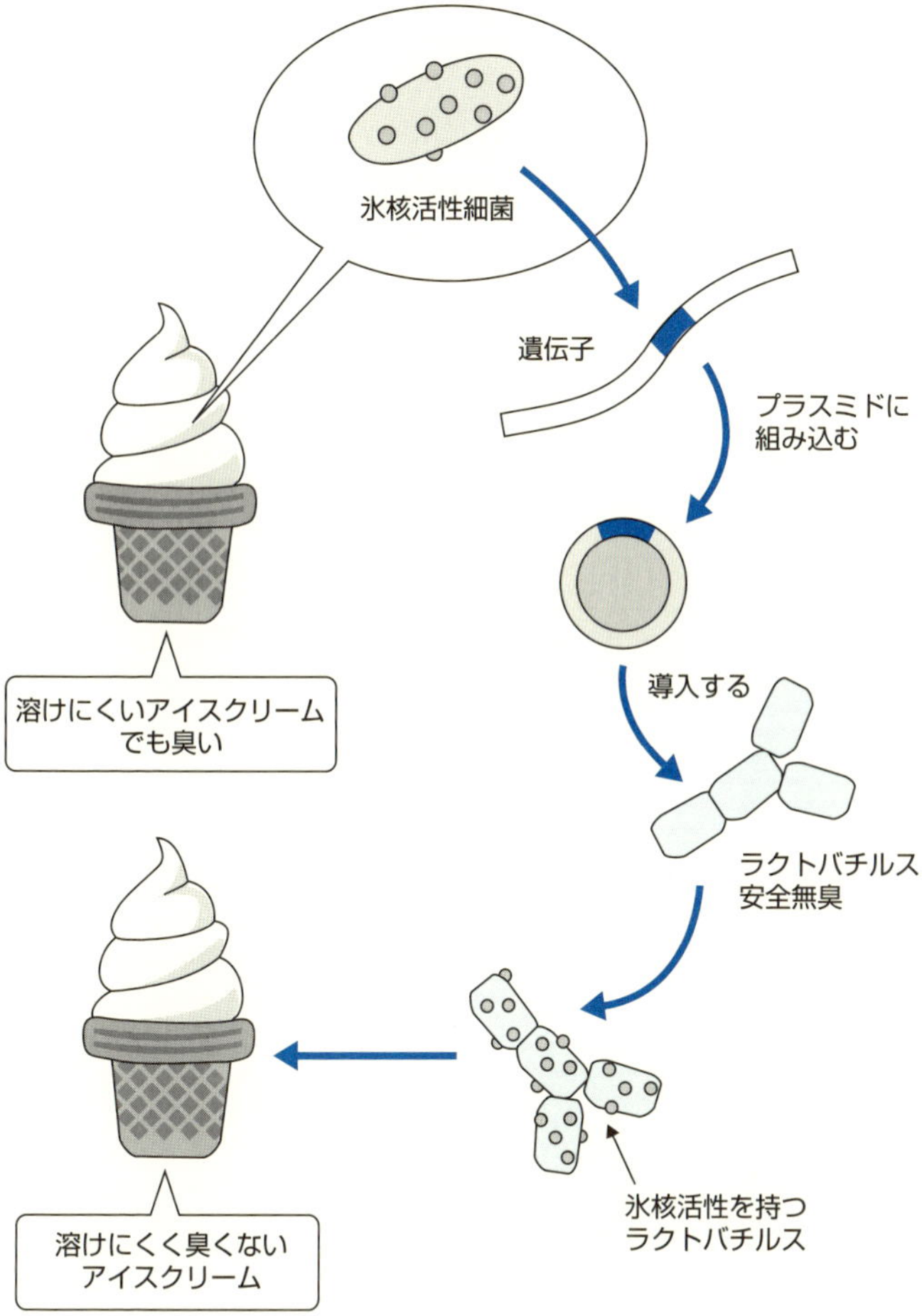

図88
氷核活性細菌入りアイスクリーム

においのあるシュードモナスの遺伝子の中から氷核活性遺伝子を取り出し、プラスミドを経由してラクトバチルスの遺伝子に組み込めば、においもなく安全で溶けにくいアイスクリームを作ることができるかもしれない。

4-4 伝えたいことは細菌に覚えさせよう

２００７年、細菌を使った画期的な技術が発表されました。慶應義塾大学先端生命研究所と同大湘南藤沢キャンパスの研究グループが、生きた細菌をメモリーカードのように記憶メディアとして使う実験に成功[30]したのです。

全ての生物は遺伝子を持っています。その中には、符号化した自分の細胞を構成するすべてのパーツの設計図が書き込まれています。今回成功した方法では、細菌が自分のために使用する設計図の隙間に、細菌の遺伝子と同様の方法で符号化したデータを挿入・再生をするというものです。細菌を記憶媒体として使用するメリットは、ＣＤ―ＲＯＭ、メモリースティック、ハードディスクといったコンピュータに用いられるあらゆる磁気メディアと比較して格段にサイズ小さいこと、記録密度が高いこと、世代を経て遺伝情報を継承していくため大容量のデータを長期にわたって保存することができる可能性があること、などが挙げられます。

研究グループは、アルファベットの文字情報を予め決めておいた規則に従って遺伝情報と同じ書式に変換し、枯草菌バチルス・サチルス（*Bacillus subtilis*）のＤＮＡの複

㉚慶應義塾大学先端生命科学研究所プレスリリース（2007年2月20日）

数箇所にコピーして挿入する技術を開発しました（写真89）。この技術では、1個の細胞に1メガバイトの情報を記録することができるのです。また、記録した情報が部分的に破壊されてしまっても、DNA内の他の場所にコピーした情報と補完し合って、正しい情報に修復できるようなエラー訂正機能も付加してあり、DNAに15％の変異があってもデータの99％以上を読み出すこともできます。この機能を利用すれば、工業的価値の高い菌株のDNAにブランド名などを書き込むことで、他者が勝手に菌株を利用するとすぐにバレるような、知的財産権保護などの使い道も開けてきます。

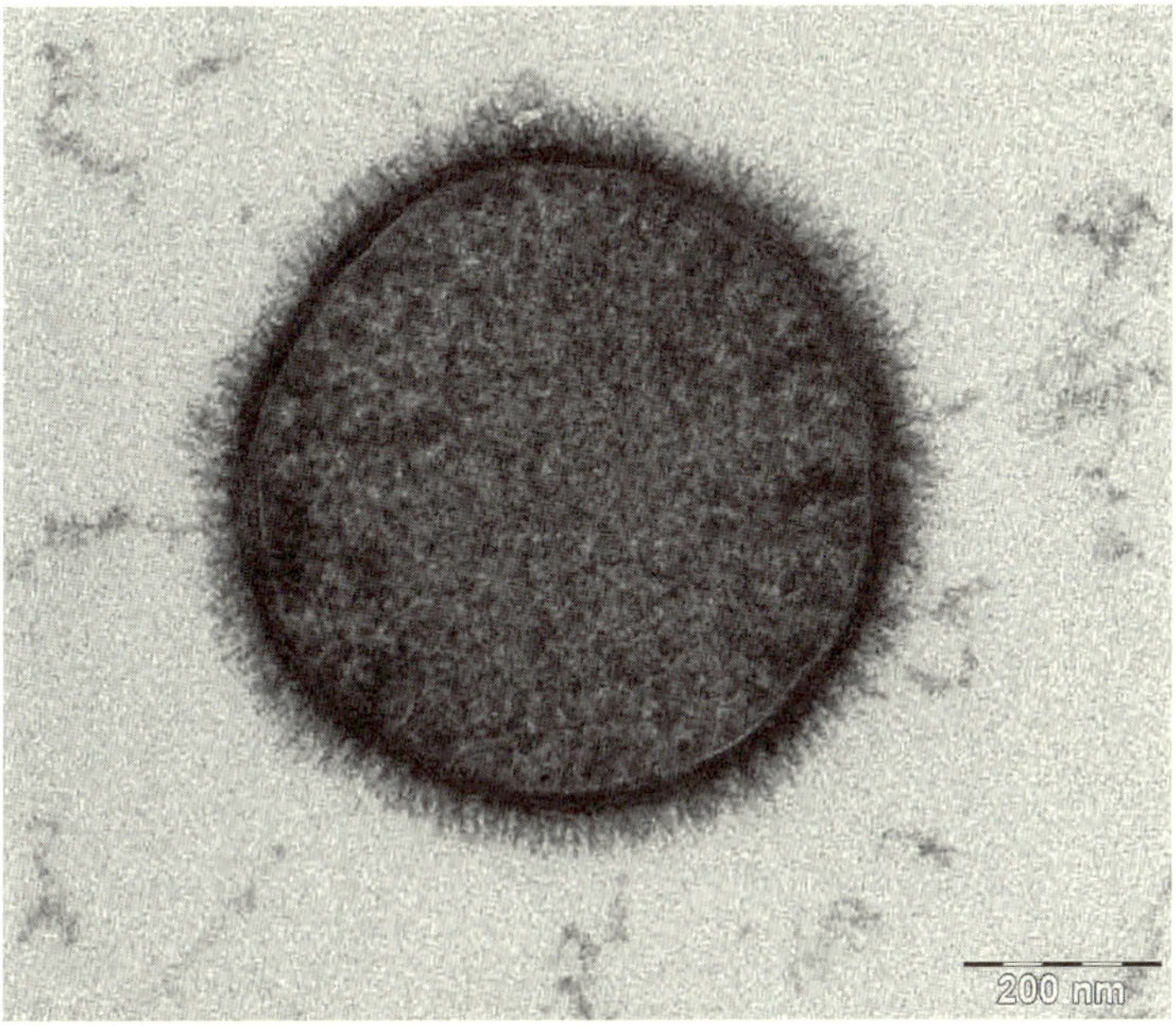

写真89
データ記録に使われたバチルス・サチルスの断面写真

バチルス・サチルスは桿菌だが、この写真はそれの断面。この中にフロッピーディスク1枚分のデータが保存される。

（提供＝Allon Weiner, The Weizmann Institute of Science）

4-5 ハイテクタンパク質自動注入装置

ヘリコバクター・ピロリは、人間の細胞にＴＦＳＳという注射器そっくりの構造体を差し込んで毒物を注入します（2―4参照）。胃の細胞に挿入したＴＦＳＳを通って、細胞の増殖制御を混乱させる物質が注入されます。この物質は、細胞が無意味に増殖しないように細胞活動を抑えている仕組みを解除し、細胞をガン化させます。

ＴＦＳＳは、ヘリコバクター・ピロリに特有のものではなく、植物病原細菌なども装備しており、病原性細菌が宿主に毒素を注入する際に、広く使用されているメカニズムです。元々細菌には細胞間でＤＮＡやタンパク質のやり取りをする生物学的機能が発達していることから、ＴＦＳＳはこれらの機能と同一の起源を持つメカニズムだと考えられます。ただ、全てのヘリコバクター・ピロリがＴＦＳＳを持っているわけではなく、日本や東アジアでは95％以上の菌がＴＦＳＳを持つのに対し、欧米では30～40％程度です。このＴＦＳＳを持つ菌がやっかいな存在で、ＴＦＳＳ保持菌の感染と胃がん発症との間には強い相関があることがわかっています。

さて、注目すべきはＴＦＳＳの構造ですが、まるでロボット大戦のＳＦに登場するようなメカです。ＴＦＳＳは30個ほどのパーツが複雑に組み合わされて構成されていて、遺伝子に設計図が記録されています。この設計図から作り出される多くのタンパク質が注射器の針のような形に規則正しく構築され、その中を毒素やＤＮＡが移動します。ＴＦＳＳの根元はヘリコバクター・ピロリの細胞壁にしっかりと固定されており、しなやかな針と共に決して折れたり脱落したりすることのないように進化したことがわかります。針のつけ根には、毒素を輸送するために必要なエネルギーを作り出すＡＴＰａｓｅと呼ばれる自家発電機のような役目をする酵素が結合しています。注射針の途中には、ＶｉｒＢ10と名付けられた、菌の種類ごとに構造にバリエーションのある巨大タンパク質ユニットが巻き付いています（図90）。

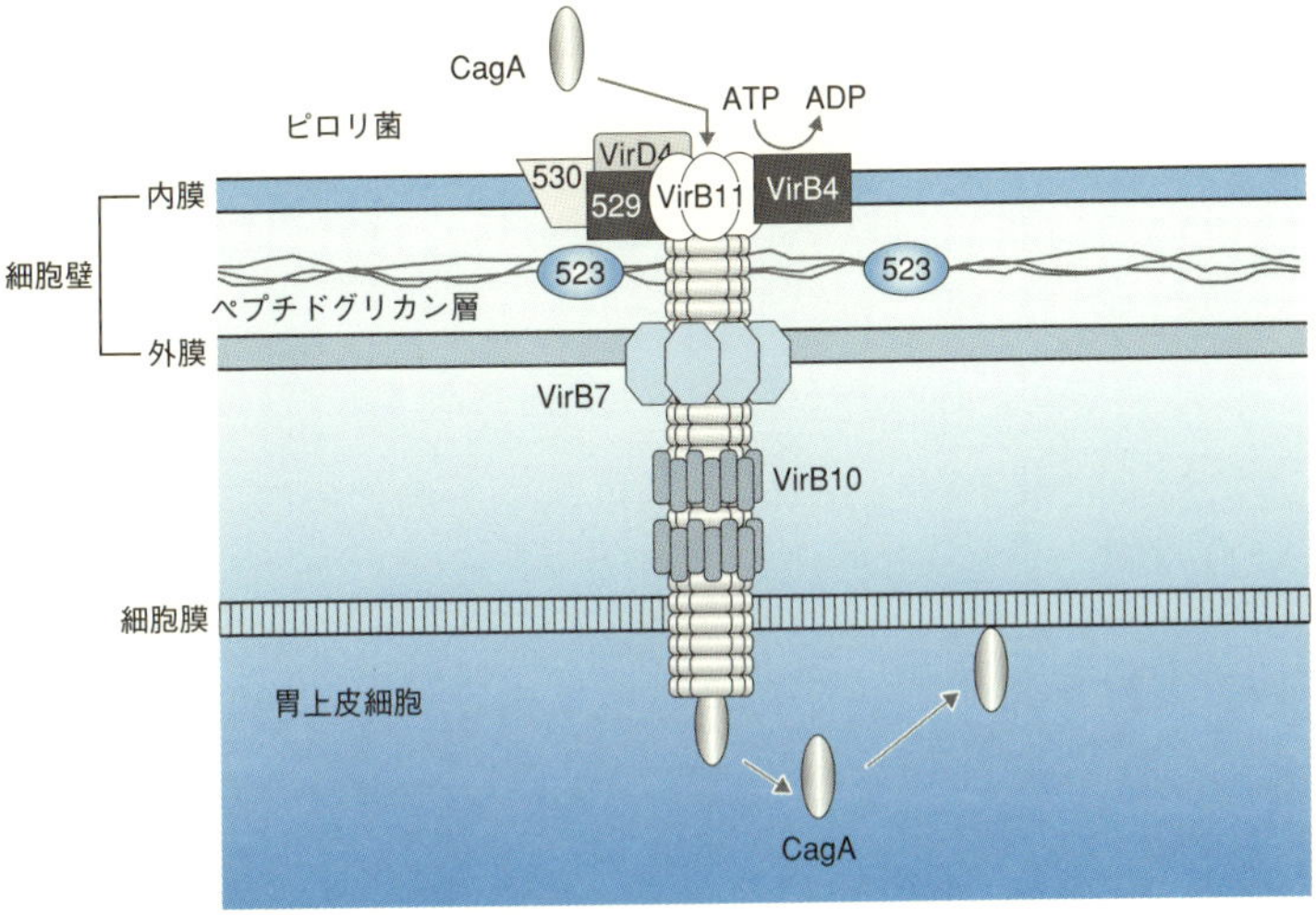

図90
TFSSの構造図

このＶｉｒＢ10のバリエーションが、宿主である人間の免疫機能からの攻撃を回避する仕組みを担っています。つまり、ＴＦＳＳの構造が全て同じであるならば、免疫機能によって一度ＴＦＳＳの攻撃を受けた人間は「これは異物だ」と認識して、その後はＴＦＳＳをことごとく排除できるはずです。ところが、ＴＦＳＳにはいろいろなＶｉｒＢ10があるため「これはさっきのと同じ異物だ」と認識させず「これは何かな？さっきのとは少し違うようだ。今度これが来た時は異物と認識しよう」と防御機構を誤動作させ、毒素注入を成功させるのです。

注入される毒素は、約14万の分子量を持つタンパク質です。一般的に分子量の大きな物質は、標的に到着する前に破壊されたり、標的細胞の膜を通り抜けることが困難です。このため、製薬メーカーなどは、分子量が巨大な医薬品を標的にまで到達させるのに、さまざまな試行錯誤を行っています。そんな製薬メーカーの苦労を尻目に、へリコバクター・ピロリはＴＦＳＳを使って巨大分子を易々と標的に到達させているのです。ＴＦＳＳの巨大分子輸送能力を活用すれば、医薬品を保護した状態で標的まで送り届け、細胞膜のバリアを突き破って注入することができるかもしれません（図91）。もしそれが実現すれば、より一層効果を発揮できる医薬品が開発できるでしょう。

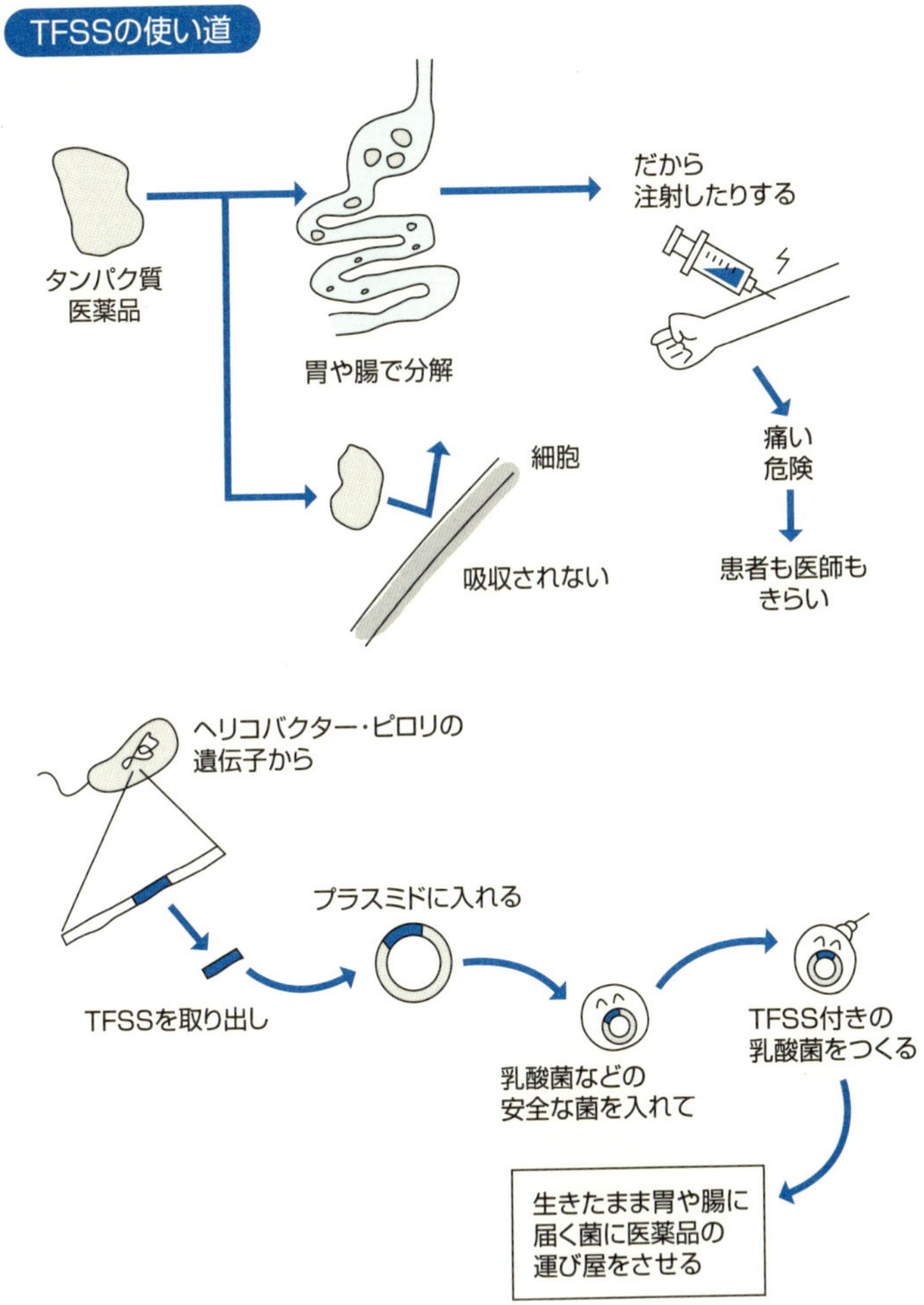
TFSSの使い道
タンパク質
医薬品
胃や腸で分解
だから
注射したりする
痛い
危険
患者も医師も
きらい
細胞
吸収されない
ヘリコバクター・ピロリの
遺伝子から
TFSSを取り出し
プラスミドに入れる
乳酸菌などの
安全な菌を入れて
TFSS付きの
乳酸菌をつくる
生きたまま胃や腸に
届く菌に医薬品の
運び屋をさせる

図91
TFSSの使い道

4-6 べん毛モーター

細菌が移動する際、船のスクリューのように動く器官がべん毛です。べん毛は顕微鏡で見ると細菌の一端、あるいは周囲に生えた毛のように見えます。細菌は細胞の表面に埋め込まれたミクロなモーターからべん毛を伸ばし、モーターの回転によってべん毛を長縄飛びの縄のようにぐるぐる動かして推進力を得ます。べん毛モーターはタンパク質分子のパーツで構成され、分子ナノマシンとも呼ばれています。このモーターの直径はわずか30ナノメートルですが、モーターの直径よりも1千倍も長いべん毛をぶら下げた状態で数百ヘルツで回転し、さらに瞬間的に起動・停止・逆回転が可能なほど高性能です。

べん毛で移動する細菌の速度は、毎秒数十マイクロメートル、つまり1秒間で自分の身長の数十倍もの距離を移動します。この速度は、人間の身長から換算したスケールスピードになおすと、時速１００キロを超える速さです。

べん毛モーターの構造は、私たちが玩具や電器製品に使用するモーターとそっくりな構造をしていて、回転子、固定子、軸、軸受けなどが約25種類のタンパク質で作ら

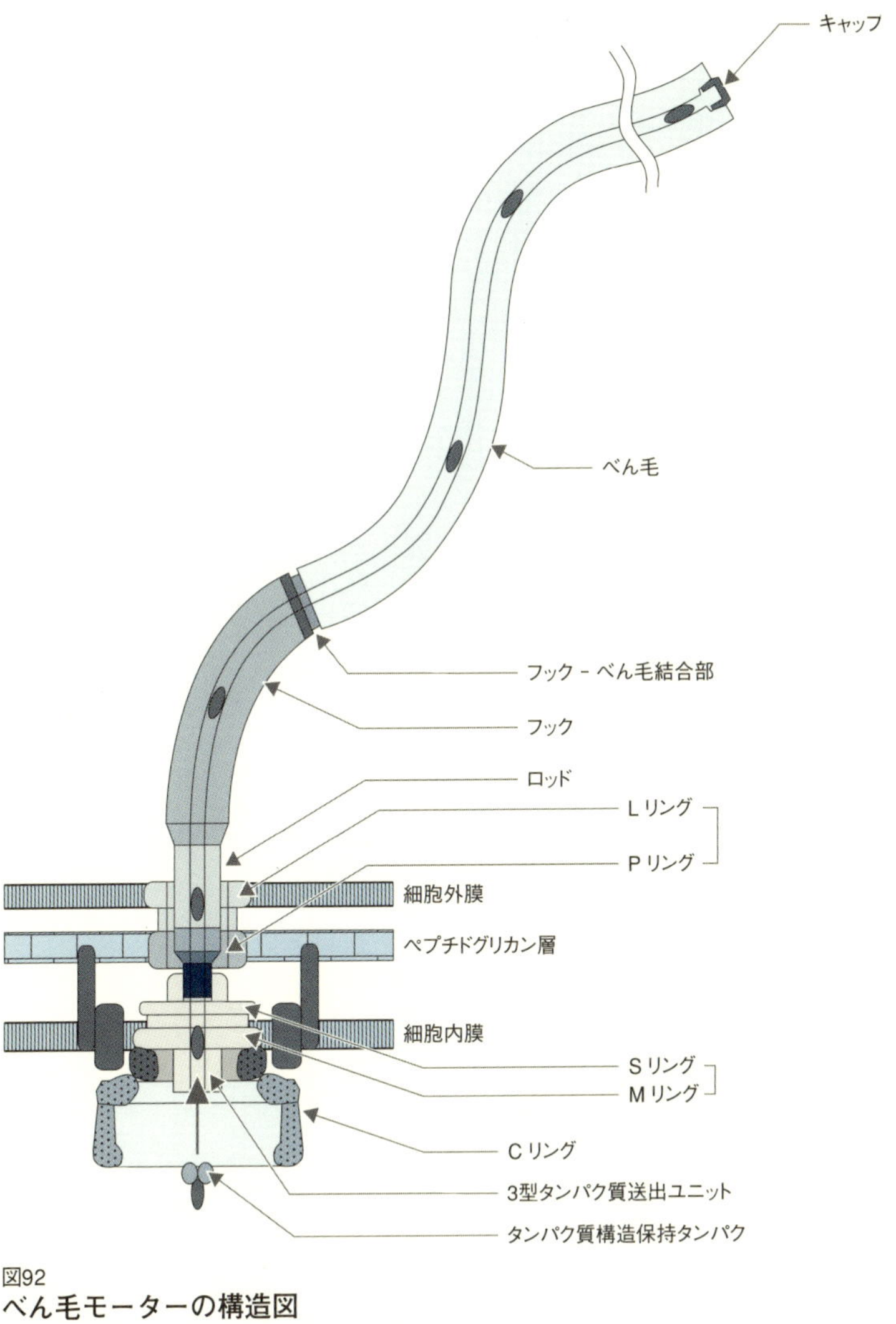

図92
べん毛モーターの構造図
〔提供＝難波啓一（大阪大学大学院生命機能研究科）〕

れています（図92）。モーターとべん毛はユニバーサルジョイントで結合されており、べん毛とモーターは比較的自由な角度をとることができます。

べん毛は、フラジェリンと呼ばれるタンパク質の繊維です。フラジェリンは細菌の種類によって異なりますが、数万から数十万の分子量を持つタンパク質です。べん毛の構造は、毛といっても普通にイメージする毛髪のようなものではなく、中が空洞になっているため、どちらかというとゴムホースに似ています。この空洞部分には、フラジェリン用の輸送システムが用意されています。細胞内で合成されたフラジェリンは、この輸送経路を通って次々にべん毛の先に送り出され、先端部分に継ぎ足されます（図93）。あたかも、ある程度のユニットを組み立てて最上階に運びながら上を目指す、現在の超高層ビルの建設方法のような感じで、どんどん伸張していくのです。

べん毛がスクリューなら、舵はどこにあるのでしょうか？

べん毛の繊維は基本的には左巻きに束ねられていますが、モーターが反転した瞬間、繊維が右巻きに変わり、その結果束がほどけてバラバラになります。細胞の大きさの何倍もの長さがあるべん毛がこのように挙動を乱すことによって、細菌は停止したり、向きが変わります。また、泳いでいる間はブラウン運動に打ち勝って直進しますが、停止するとブラウン運動によって勝手な方向に向きが変わるので、モーターが反転した

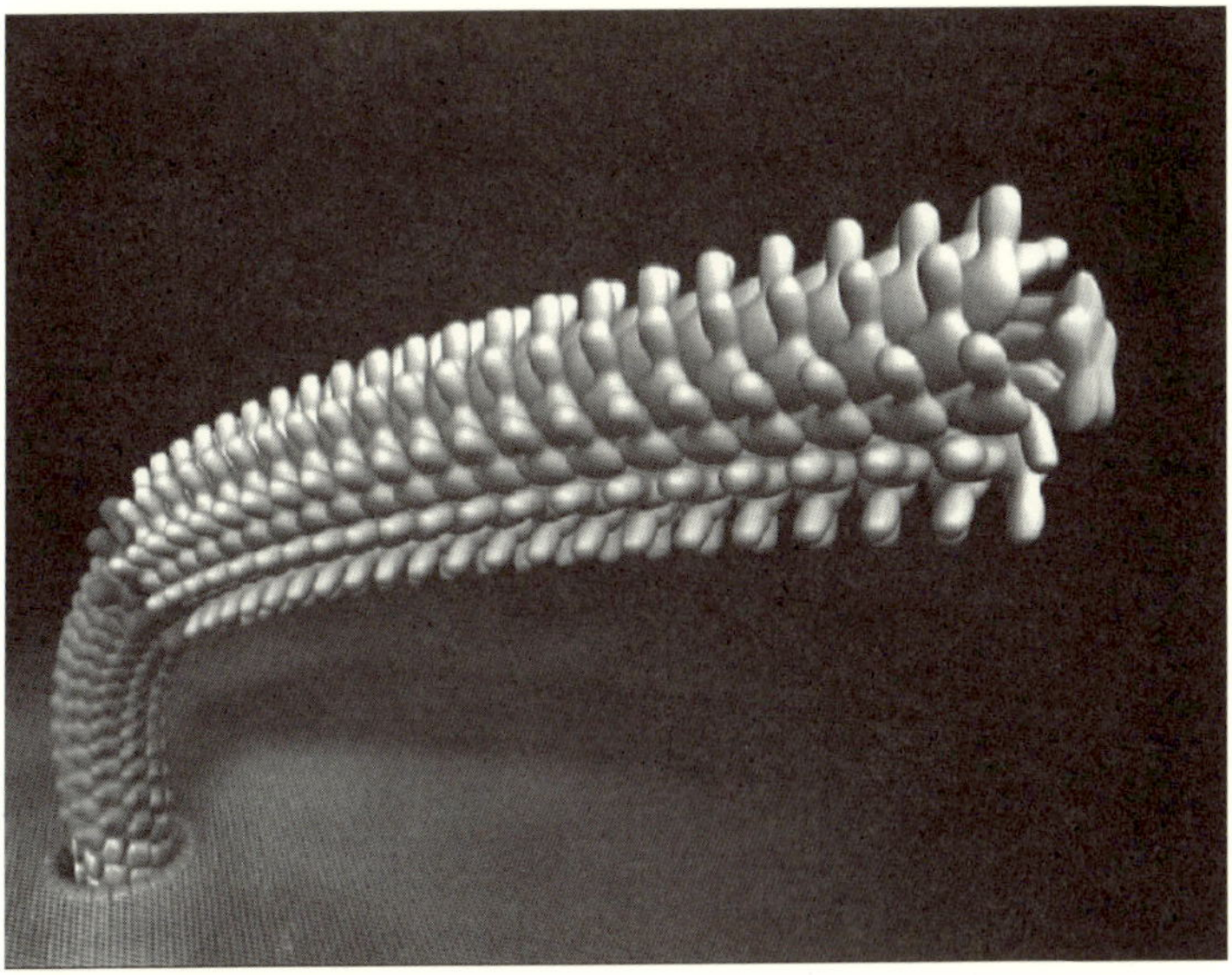

写真93
べん毛根元の拡大図
らせん型繊維の根元の細胞膜に回転モーターがあり、フックと呼ばれる55nmの長さの連結部がユニバーサルジョイントとして働く。
〔提供＝難波啓一（大阪大学大学院生命機能研究科）〕

際には、その方向に進路を転換して泳ぎ始めることになります。

べん毛モーターは人工的に作るのが不可能なほど小さい上に、起動速度や回転力の強さなど優れた点が多いのが特徴です。そこで、細菌から取り出したべん毛モーターを利用して、血管内を自立的に移動して病巣に薬を届けるナノマシンなどの開発に応用できるのではないかと考えられ、研究が進んでいます。

4-7 熱湯大好き菌とハイパースライム

微生物の中には、人間にはとても耐えられないような過酷な環境に好んで生息している種類がいます。それらは極限環境微生物と呼ばれ、好熱菌、好冷菌、好酸菌、好アルカリ菌、好塩菌、好圧菌の種類が知られています。

最近の微生物関連で最もホットな話題の一つが、３００度というホットな環境に耐え、１００度を超える高温高圧の海水中で活発に増殖する超好熱菌に関する研究です。このように極端な高温を好む微生物が発見されたのは１９９０年代以降のことですが、１００度以下の高温を好む好熱菌は、温泉源などに生息することが昔から知られていました。

一般的な細菌は、45度くらいにまで加熱すると死んでしまいます。これは、細菌を構成するタンパク質が壊れてしまうからです。一度変質したタンパク質は元の性質を失うため、生命活動が維持できません。ところが好熱菌のあるものは、１００度のお湯の中に入れてもタンパク質が変性しないため、高温度の中で生活することができます。これまで知られている好熱菌の最高増殖温度記録は、なんと１２１度[31]でした。

㉛"Blue Earth", 11/12, pp.34-37, (2004)

㉜Corliss J.B., "Science", 203, pp.1073-, (1979)

細菌の細胞には、TFSS、様々なセンサー、べん毛モーターなどいろいろな特殊装備が施されていますが、細胞内の温度を調節する装備は見つかっていません。にも係わらず、高温に耐えられるのは細胞内のタンパク質やその他の細胞成分に何らかの仕組みがあるからです。この仕組みは、次に紹介するハイパースライムを舞台にして、少しずつ明らかになってきています。

ハイパースライム

好熱菌の生息場所として特に注目されている場所は、海底熱水噴出孔周辺です。海底熱水噴出孔は、数千メートルの海底にあって、地底のマグマで熱せられた地下水が海中に噴き出している場所です。深海の非常に高い圧力のために水温200～350度となっても沸騰することなく、火山の噴火のように噴き出しています（写真94）。1977年[32]に初めて発見され、現在世界中の海底で100カ所程度発見されています。

海底熱水噴出孔はいずれも1千メートル以上の深海に

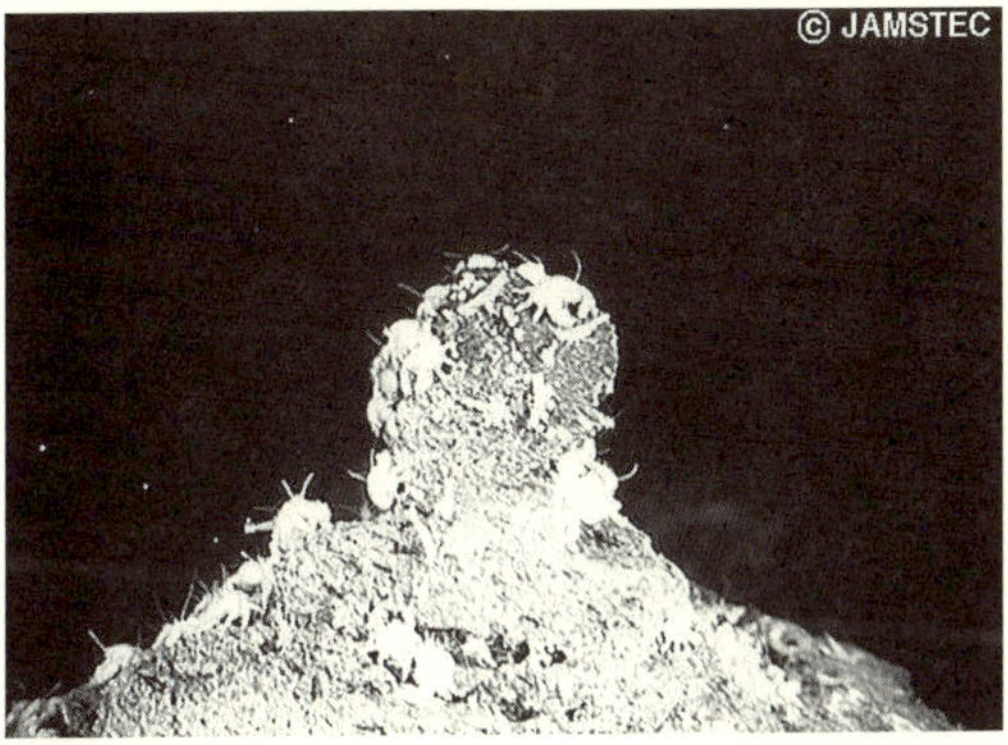

写真94
海底にある熱水噴出孔

1990年に潜水船「しんかい2000」が沖縄本島北西部伊平屋凹地で撮影。突起状の岩から熱水が噴出し、深海特有のカニなどの生物が集まっている。
（提供＝独立行政法人海洋研究開発機構）

あるため、水圧は1センチ四方で数百キログラムに達します。このような高圧環境では、細胞の内部構造が圧力で歪められるために、通常の細菌は生育することができません。大腸菌を高圧力下で生育させる実験では、増殖に必要な細胞同士を引き離す酵素の形が圧力で歪められて機能を失うので、大腸菌は分裂できず、細長い形になってしまうことが報告されています。[33]

このような過酷な環境にも係わらず、1990年頃の研究で、超高圧・超高温に適応した細菌が生息していることが発見されました。これらの菌は、熱水と共に噴き出る硫黄をエネルギーに変換して生き、300度近い熱水にも耐え、100度を超える水温で活発に増殖する超好熱菌でした。当初、これらの細菌は、熱水噴出口周辺に堆積した硫黄を求めて集まってきた、海洋性細菌であろうと考えられていました。

ところがここ数年の研究で、これらの菌は噴き上げる熱水と共に地底から飛び出してきているらしいということがわかってきました。詳細はまだ不明ですが、熱水噴出孔周辺には、あたかも細菌が吹き出したように細胞由来の成分が降り積もり、海底火山が噴火すると、その周辺に大量の超好熱菌がばらまかれることも報告されています。[34]このことは、超好熱菌の由来が地底であることを示しています。

独立行政法人海洋研究開発機構の研究チームは、深海底熱水噴出口の奥で生息して

㉝Ishii,A., "Microbiology", 150, pp.1965-, (2004)

㉞Huber R., "Science" 281, pp.222-, (1998)

㉟Takai K., "Extremophiles", 8, pp.269-, (2004)

㊱『蛋白質核酸酵素』Vol.50, No.13, pp.1649-1659, (2005)

いる細菌を調査するために、インド洋で「しんかい6500」を使った潜航調査を行いました。その結果、高温環境を好みメタンを作る細菌（*Methanococcales*）と超好熱発酵菌（*Thermococcales*）が生きたまま地底から噴き出していること、なおかつ熱水噴出孔の奥ではメタン菌がマントルやマグマの揮発成分である水素と二酸化炭素を使ってメタンを作っている、つまり、次世代燃料の一つとして有望視されているメタンハイドレートを作っていることが報告されました[35]（図95）。

このような海洋海底下の超高温環境で独特の細菌群が生態系を構成している環境を「超高熱性地殻内独立栄養微生物生態系（hyperthermophilic subsurface lithoautotrophic microbial ecosystem）」といい、英語の頭文字をとって「ハイパースライム（Hyper SLiME）」と呼んでいます。ハイパースライムを形成する細菌は、地球で最初の生命活動の姿であると予想されると同時に、地球以外の惑星にも存在し得る可能性が最も高いと考えられる生命形態[36]と考えられています。

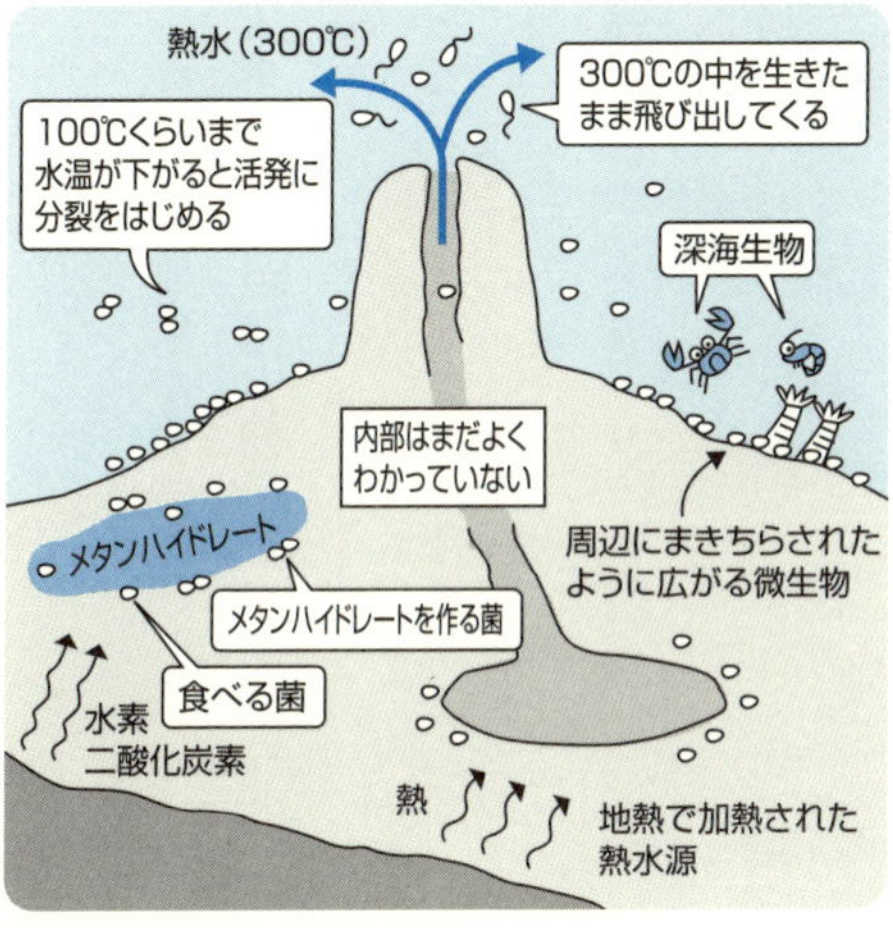

図95
深海底熱水噴出孔周辺の微生物分布

太古の地球はメタン菌王国？

今から20億年ほど前のメタン菌時代の太陽は今よりずっと暗く、地球が受け取れるエネルギーも少なかったのですが、メタン菌が放出するメタンガスの温室効果によって、地球の平均気温は現在よりもかなり高く、地球を凍結から守っていたという説があります。この説によれば、メタン菌は地球の平均気温をどんどん上昇させ、それに伴って自分自身も高温に耐える能力を身につけたとされます。これらの菌の末裔が、現在のハイパースライムの好熱メタン菌（写真96）だというわけです。

この説は非常に魅力的ですし、ハイパースライムの研究結果から見てもそのようなことが太古の地球で起きていても不思議ではありませんが、残念ながらその証拠は得られていません。今後研究が進めば、何らかの証拠が発見されるかもしれません。

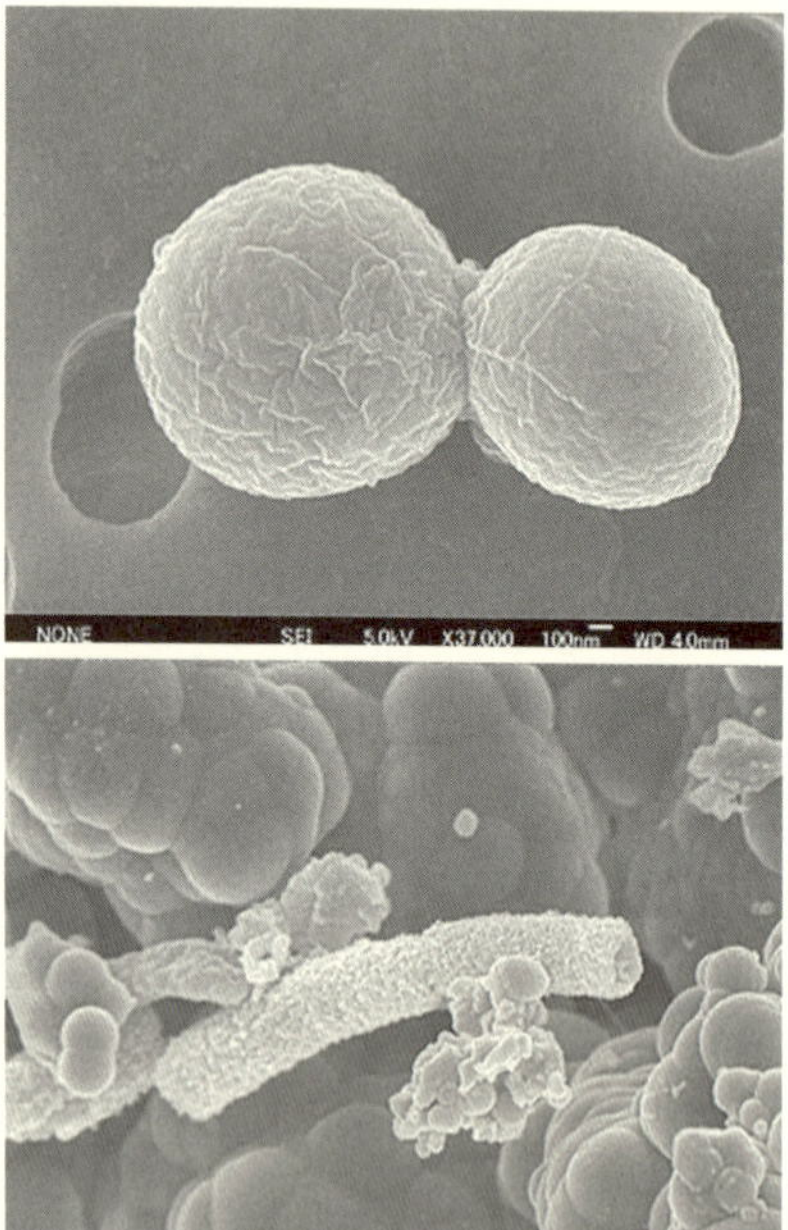

写真96
超好熱メタン菌

A=360℃以上の高温でも存在する超好熱メタン菌「メタノカルドコッカス」
B=超好熱メタン菌「メタノパイラス」
〔提供＝日本科学未来館（Miraikan）〕

なお、地球外生命の可能性に目を向けると、2007年6月に土星の衛星エンケラドス（写真97）の南極から水蒸気が噴き出していることを、NASAが報告しました。エンケラドスで噴き出す水蒸気には、高温でしか作られないアンモニア由来の窒素ガスが含まれていることから、内部には熱源となりうる放射性物質が存在していると考えられています。このことは、地下に高温高圧の場所があり、そこで有機物が合成されている可能性を示唆しています。エンケラドスの海底には、ハイパースライムが存在している可能性があるのです。

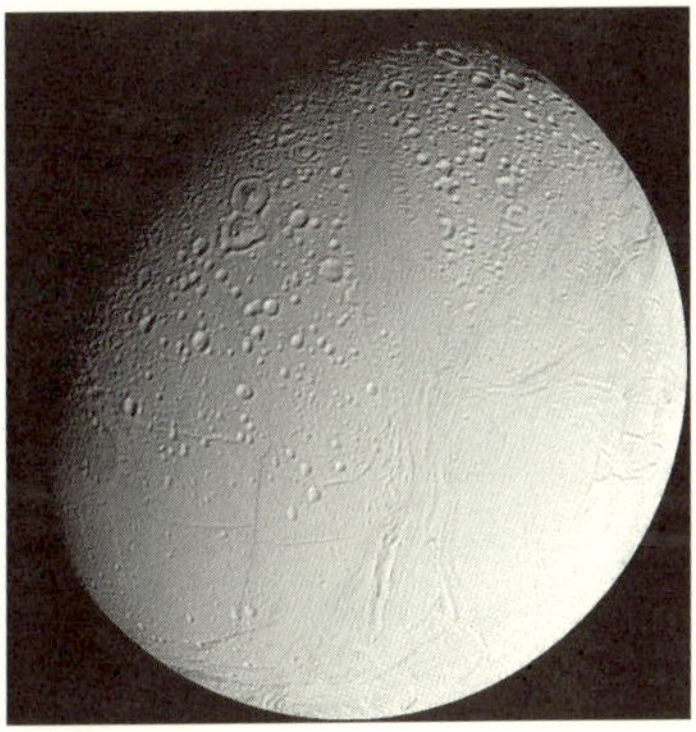
写真97
エンケラドス
土星の衛星の一つ。1789年に発見された。
（提供＝NASA）

高温から身を守る秘術

ハイパースライムはどのようにして熱湯から身を守っているのでしょうか？

細菌が海底熱水噴出孔周辺のような環境で生息できるのは、タンパク質が特殊だからと考えた京都大学の今中忠行らは、超好熱菌サーモコッカス・コダカラエンシス（*Thermococcus kodakaraensis*）KOD1のタンパク質を調べました。その結果、通常のタンパク質よりもアミノ酸同士の結合が多く、ほぐれにくい構造をしていることがわかりました。また、ある種のタンパク質同士が手を取り合うように結合することで、高熱に耐えつつ機能を発揮していることも判明していることから、タンパク質の柔軟性の少なさが熱に対する安定性につながっていると考えられています[37]（図98）。

このようにタンパク質の結合を強化する方法は、高温への耐久性を上げる作戦として、好熱性細菌一般に見られます。しかし、好熱性細菌と通常の細菌を比較すると、同じ機能を担うタンパク質には構造的差異はほとんどなく[38]「この点を改良すればタンパク質が熱に強くなる」といった耐熱性ルールは、まだ見つかっていま

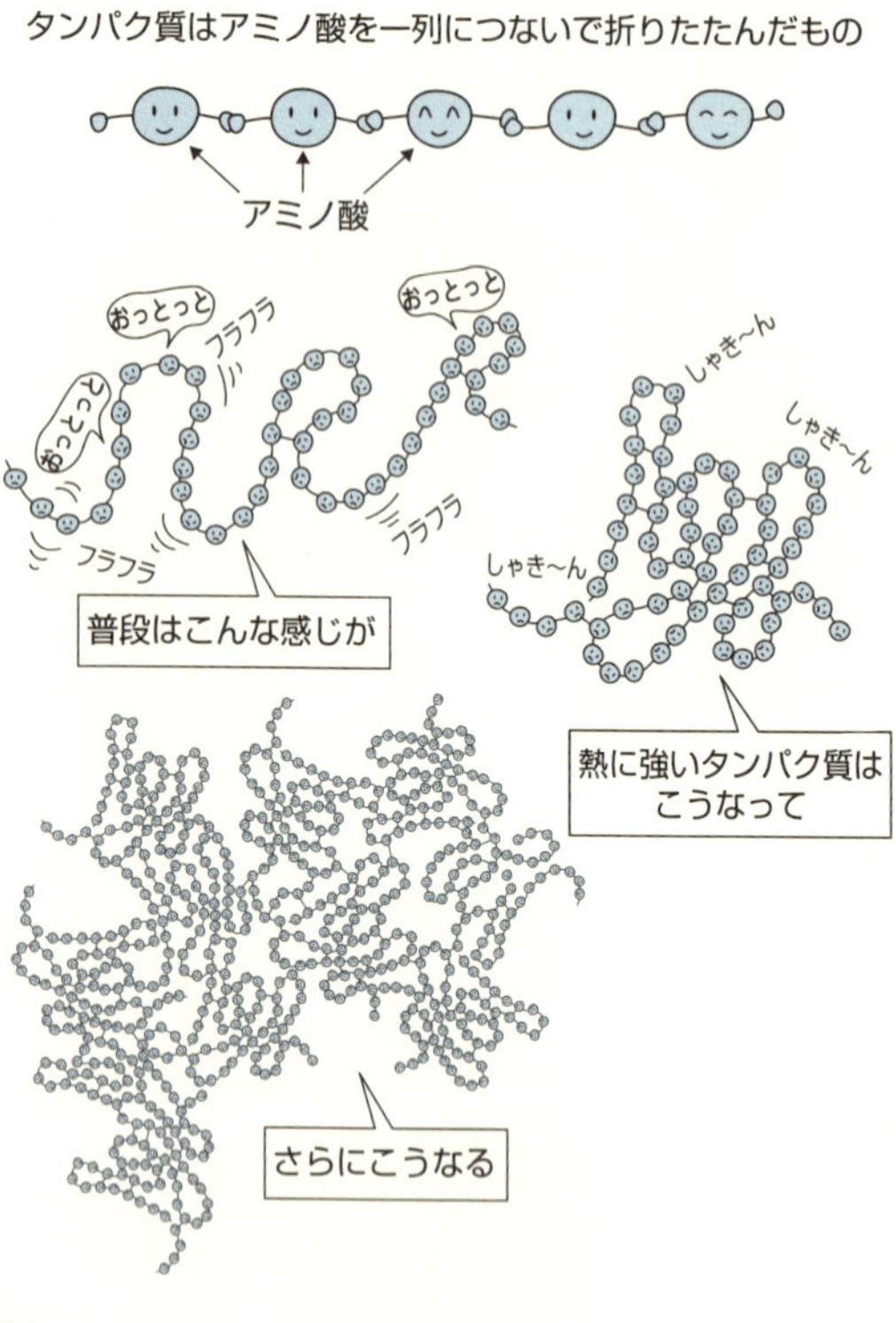

タンパク質はアミノ酸を一列につないで折りたたんだもの
アミノ酸
おっとっと
おっとっと
おっとっと
フラフラ
フラフラ
フラフラ
普段はこんな感じが
しゃき～ん
しゃき～ん
しゃき～ん
熱に強いタンパク質は
こうなって
さらにこうなる

図98
熱に強いタンパク質の仕組み

㊲『化学と工業』Vol.60-1, January, pp.29-31, (2007)

㊳『極限環境微生物学会誌』 Vol.4, No.2, p.S-01, (2005)

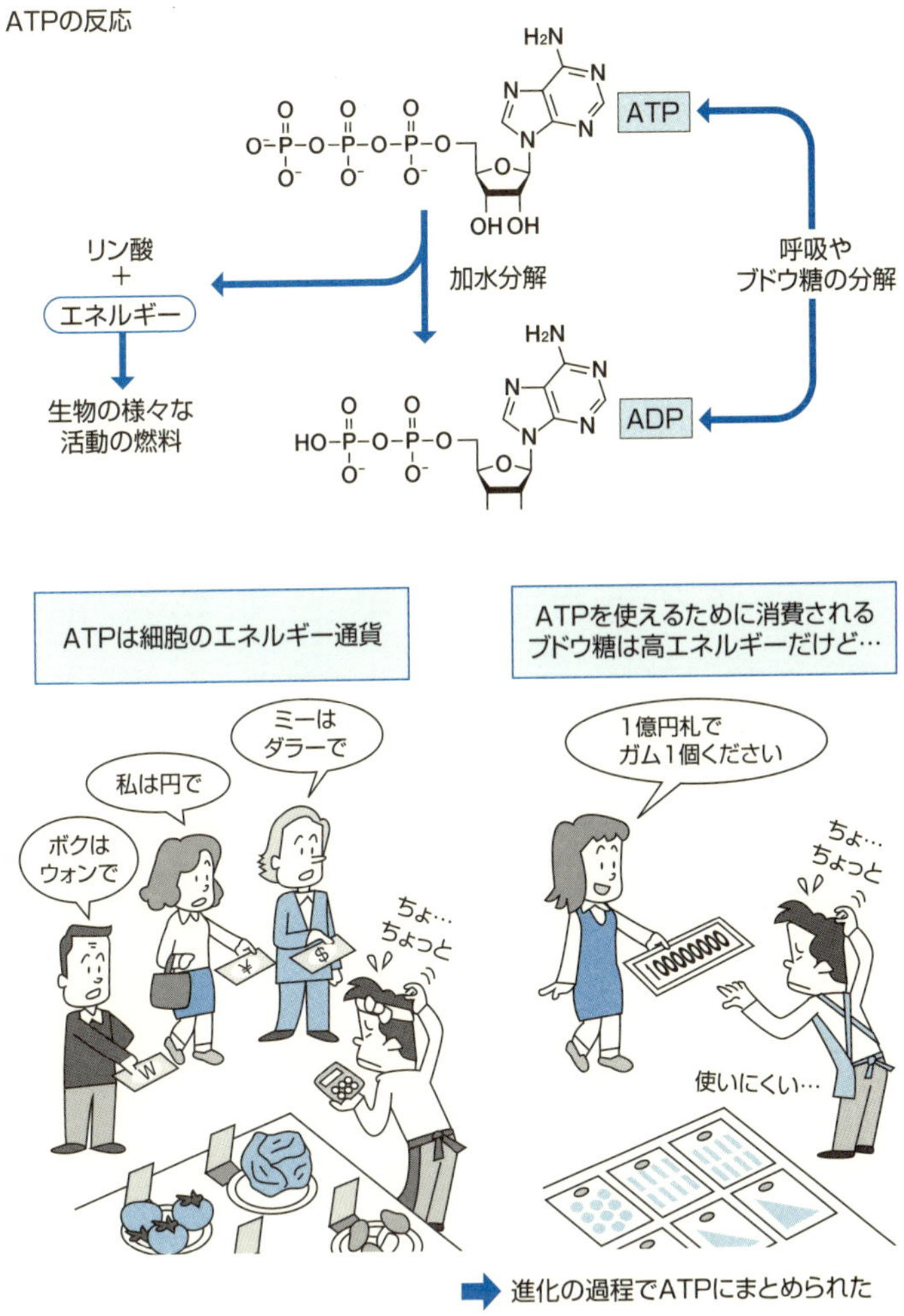

図99
ATP

ATPがADPに加水分解される際にエネルギーが得られる。生物は呼吸やブドウ糖の消費によってADPをATPに変換して蓄えておく。ブドウ糖は高エネルギー物質であるが使いにくいため、利用しやすいATPにいったん変換することで、効率のよいエネルギー運用をしている。

せん。

タンパク質よりも不思議なのは、ＡＴＰと呼ばれる細菌のエネルギー源です。ＡＴＰは「細胞のエネルギー通貨」と呼ばれ、細胞が生きていく上で必要なエネルギーの多くはＡＴＰでやり取りされます（図99）。もちろん好熱菌も例外ではありません。ところが、１００度を超える好熱菌の生育温度では、ＡＴＰは不安定化するのです。好熱菌のＡＴＰ耐熱性については、まだ答が得られていません。好熱菌の耐熱メカニズムは不明な部分が多く、研究すべき課題がたくさん残されている宝の山といえそうです。

好熱菌は私たちの究極のご先祖様か？

地球上の生命は、ただ一つの根源的生物から地球上で進化を続けて現在に至っているという説が有力です。進化の系統樹を逆に辿った時に現れる、全生物に共通する仮想のご先祖様をコモノートと呼びます。

コモノートがどのような生物だったかということは、生物種ごとの遺伝子差異に着目して「よく似た遺伝子は共通の祖先を持つ」という前提で、生物の進化を「生物の系統樹」と呼ばれる図に描くことによって明確になります。細菌をこの系統樹に当てはめると、コモノートに近い周辺の生物は、全て好熱菌であることがわかりました（図

100)。このことは、現在私たちが観察している好熱菌は、地球上の生物全ての共通・究極のご先祖様の末裔である可能性が高いことを意味しています。

さらに、現在の好熱菌の遺伝子を調査した結果[39]によると、好熱菌の遺伝子は非常にコンパクトで、大腸菌の半分以下しかありませんでした。しかもそのうちの92パーセントは現在も設計図として機能していました。長い年月をかけて進化した生物は、進化するために試行錯誤でできあがったガラクタ遺伝子がDNAの中にどんどん溜まってしまい、DNAは巨大でも実際に設計図として使用されているのはその中のごく一部であることが一般的です。しかし、好熱菌のようにガラクタが少ないということは、進化のステップをあまり踏んでいないことを示唆しており、それがコモノートに近い生物であることを示す証拠の一つにもなっています。

[39]『試薬会誌』Vol.21, January, pp.21-27, (2007)

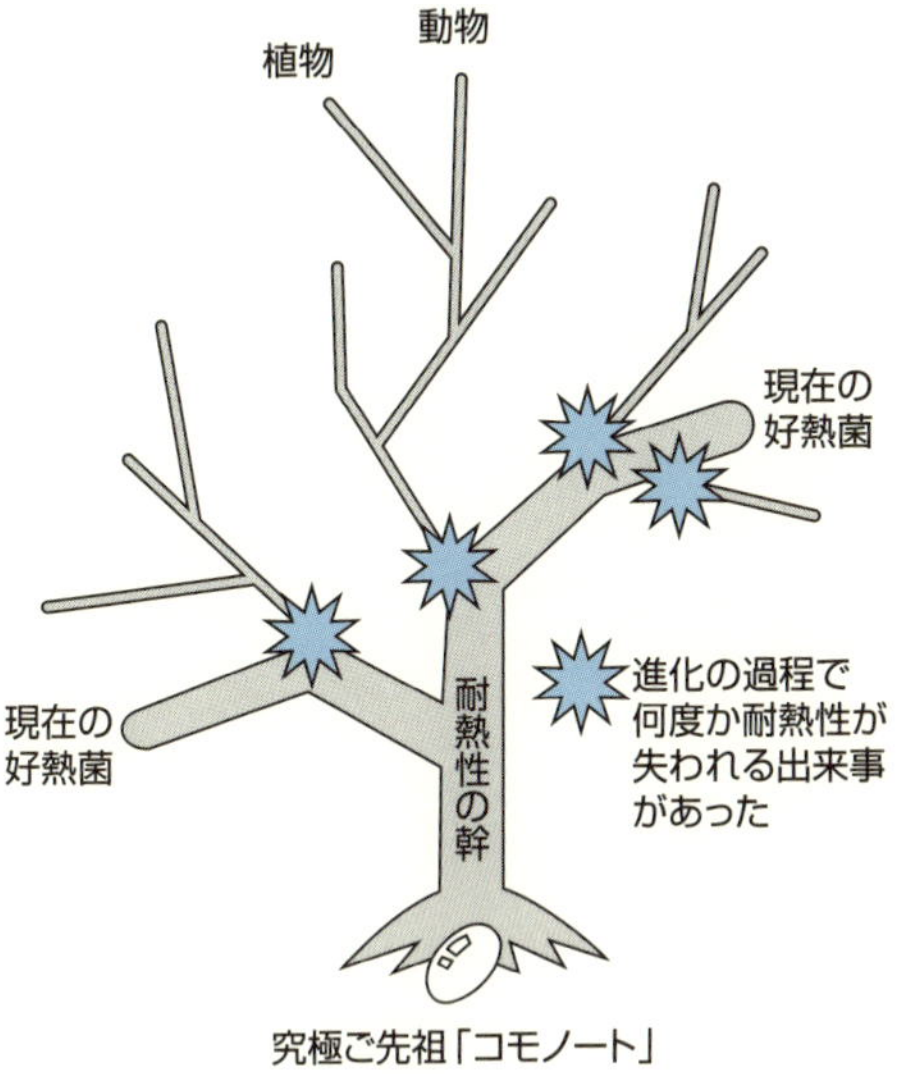

図100
地球上の生命の系統樹
好熱菌は全ての生物のご先祖様の末裔？

4-8 好アルカリ菌と家庭用洗濯洗剤

特殊な環境の例としては、温度の他にペーハーがあります。多くの生物が生活する環境はほぼ中性で、極端な酸性やアルカリ性で生きられる生物はそう多くはいません。ところが、細菌の仲間にはアルカリ性を好む、好アルカリ菌と呼ばれる細菌もいます。この特殊な能力は、私たちの身近な所で利用されています（図101）。

バシルス属の好アルカリ菌にＫＳＭ―６３５株と名付けられた菌がいます。この菌は、アルカリ性の水の中でセルロースを分解するアルカリセルラーゼという酵素を作ることができます。花王はいち早くこの酵素に着目し、世界で初めてアルカリセルラーゼを配合した洗剤「アタック」を１９８７年４月に発売。以来、大ヒット商品となりました。

好アルカリ菌以外の細菌でも、セルラーゼを持っている細菌はたくさんいます。けれど洗濯水は弱アルカリ性なので、酸性から中性で活性する普通のセルラーゼでは、洗濯機の中で活性を期待することができませんでした。

そこで花王の研究者たちは、合成洗剤に配合しても活性を失わないセルラーゼを探

㊵『花王　酵素入りコンパクト洗剤「アタック」の開発』，一橋大学文部科学省21世紀COEプログラム「知識・企業・イノベーションのダイナミクス」，大河内賞ケース研究プロジェクト

● 1987年4月
日本最初の酵素入り洗剤は、1968年1月に第一工業製薬が発売した「モノゲンオール」。花王として最初に製品化した酵素入り洗剤は、独自開発した酵素「高単位酵素KZ」入りの合成洗剤「スーパーザブコーソ」で、「モノゲンオール」から2年が経過した1970年3月だった。

すことに着手します。結果、アルカリセルラーゼを発酵生産する有望な菌を、研究所の地面の中から探し出すことに成功しました。それを元に突然変異育種技術で品種改良に成功したのが、ＫＳＭ―６３５株[40]だったのです。

ところで、冒頭で「セルラーゼはセルロースを分解する酵素」と紹介しました。衣類の原料である木綿はセルロース繊維なので、セルラーゼ入り洗剤で衣服を洗うと、ボロボロになってしまいそうです。しかし、セルラーゼの繊維に対する作用は、汚れを繊維から離脱しやすくするものであることがわかっています。また、セルロースには結晶性セルロースと非結晶分子状セルロース高分子があり、木綿繊維は前者に属します。ＫＳＭ６３５株の酵素は、後者に対してのみ作用するので、繊維を傷めないのです。

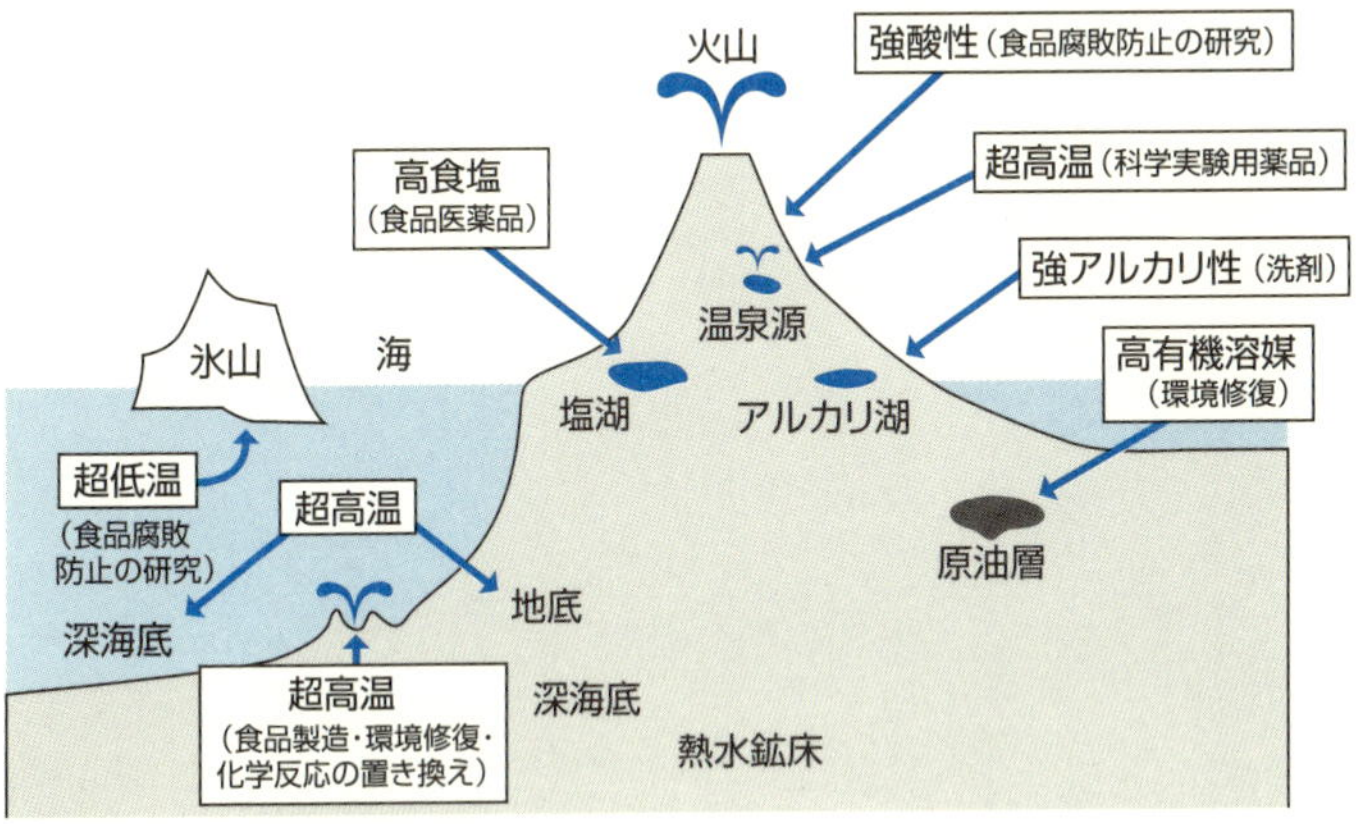

図101
極限環境微生物の産業利用

4-9 連係プレーも得意な乳酸菌㊶

細菌は単独で有用物を作り出すことが多いですが、複数の菌が分担して一つの有用成分を作り出すこともあります。その一つが、ガンマ・アミノ酪酸（ＧＡＢＡ）です。ＧＡＢＡには血圧降下作用があることが古くから経験的に知られており、これを多く含む玄米、茶、漬け物などを食べる食習慣は、高血圧抑制に効果があると言われています。

ヤクルト本社中央研究所の研究チームが乳酸菌によるＧＡＢＡの発酵生産の可能性を検討したところ、ラクトコッカス・ラクティス（*Lactococcus lactis*）とストレプトコッカス・サーモフィルス（*Streptococcus thermophilus*）の仲間にＧＡＢＡを多く生産する菌がいることを発見し、特に前者のＹＩＴ２０２７株は、ＧＡＢＡの元となるグルタミン酸をほぼ１００パーセントの効率でＧＡＢＡに変換できる有用な菌であることがわかりました。

しかし、原料の脱脂乳にはグルタミン酸のほとんどがタンパク質に組み込まれた状態にあり、そのままでは細菌が利用することができません。ＧＡＢＡを生産するため

㊶『化学と生物』Vol.44, No.10, pp.705-709, (2006)

には、①乳タンパク質に含まれるグルタミン酸を取り出して細菌が使える形にする、②グルタミン酸をＧＡＢＡに変換する、の二つのステップを踏むことが必要でした。

研究者らは、この二つの機能を持つ菌株の探索を行ったのですが、有望な菌株は見つかりませんでした。そこで、①のステップを行う菌としてラクトバチルス・カゼイ・シロタ株（ヤクルト菌）を、②のステップを行う菌としてラクトコッカス・ラクティス（*Lactococcus lactis*）ＹＩＴ２０２７株を選抜し、２種類の菌による連係プレーでＧＡＢＡを発酵生産する方法を開発します（図１０２）。こうして生み出されたＧＡＢＡは、乳製品乳酸菌飲料「プレティオ」という商品名で発売されました。

この商品には、血圧の高い人ほど強力に血圧を下げ、血圧が正常な人に対しては血圧を変動させる作用がないことから、特定保健用食品の認定を受けています。

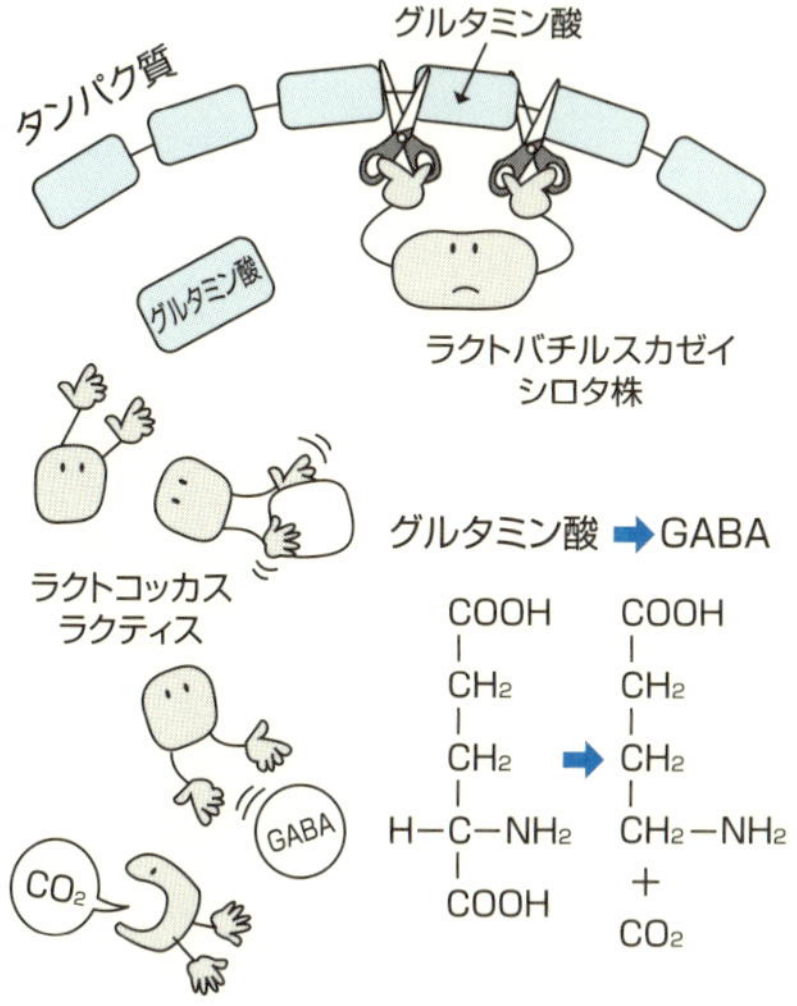

図102
乳酸菌のGABA生産連係プレイ

GABAは原料のグルタミン酸をタンパク質から切り出す細菌と、切り出されたグルタミン酸から二酸化炭素を除去してGABAに変換する細菌の連携プレイで発酵生産される。

ミクロなコラム③

細菌研究者は意外と手がキレイ

第4章では主に、細菌の持つ能力を人間が研究することによって、より人に役立つ形に引き出した事例を紹介しました。こうした研究をしている人は、いろいろな細菌に触れ合う必要があります。よって、一般の人からすると、細菌の研究者は何となく細菌まみれっぽいような気がするのではないでしょうか。ところが、筆者の個人的な経験を振り返ると、細菌研究者は意外と無菌的ではないかと感じることがありました。

もうかれこれ20年前、大学祭のゼミ展示で、子供たち向けに身近な微生物を紹介することを企画しました。

大きなシャーレに細菌の好物を混ぜ込んだ寒天を敷き詰めて、ゼミ生全員の手形をとって「ほら、こんなにきたないんですよ〜」っていうようなことを試みてみたのですが……なぜか誰の手からも菌が生えてこない……。研究の目的に適った細菌のみを扱って実験している学生である以上、手が雑菌まみれでは困ると言えば確かに困るのですが、これほどキレイとは……。

細菌を扱っている学生がなぜこれほど清潔な手をしているかというと、無意識のうちに手をキレイに保っているからです。では、普通の人が手を洗わない生活をすると、どれくらい菌が付着するのでしょう?

手についた菌の培養写真を下に紹介しましょう。左が手洗い前、右が手洗い後です。丸い塊のようなものは、コロニーと呼ばれる細菌の塊です。手洗いをしていない方には、けっこううじゃうじゃ菌がいます。「食品を扱う前には手を洗おう!」という気持ちになっていただけたでしょうか。

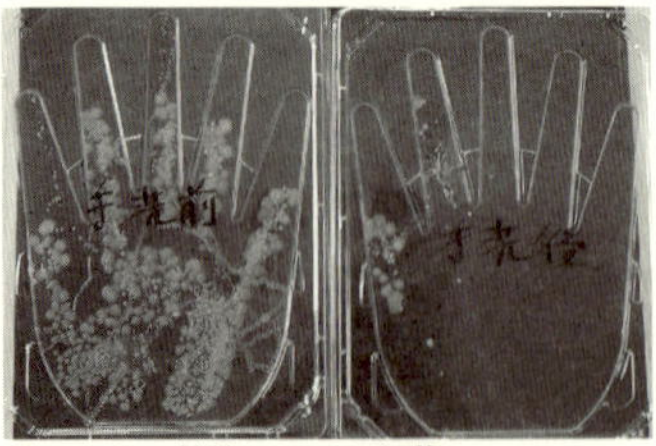

手のひらに付着していた細菌
（左）手洗い前、（右）手洗い後
（提供＝福岡市南保健所衛生課食品係）

第5章

細菌の持つ無限性

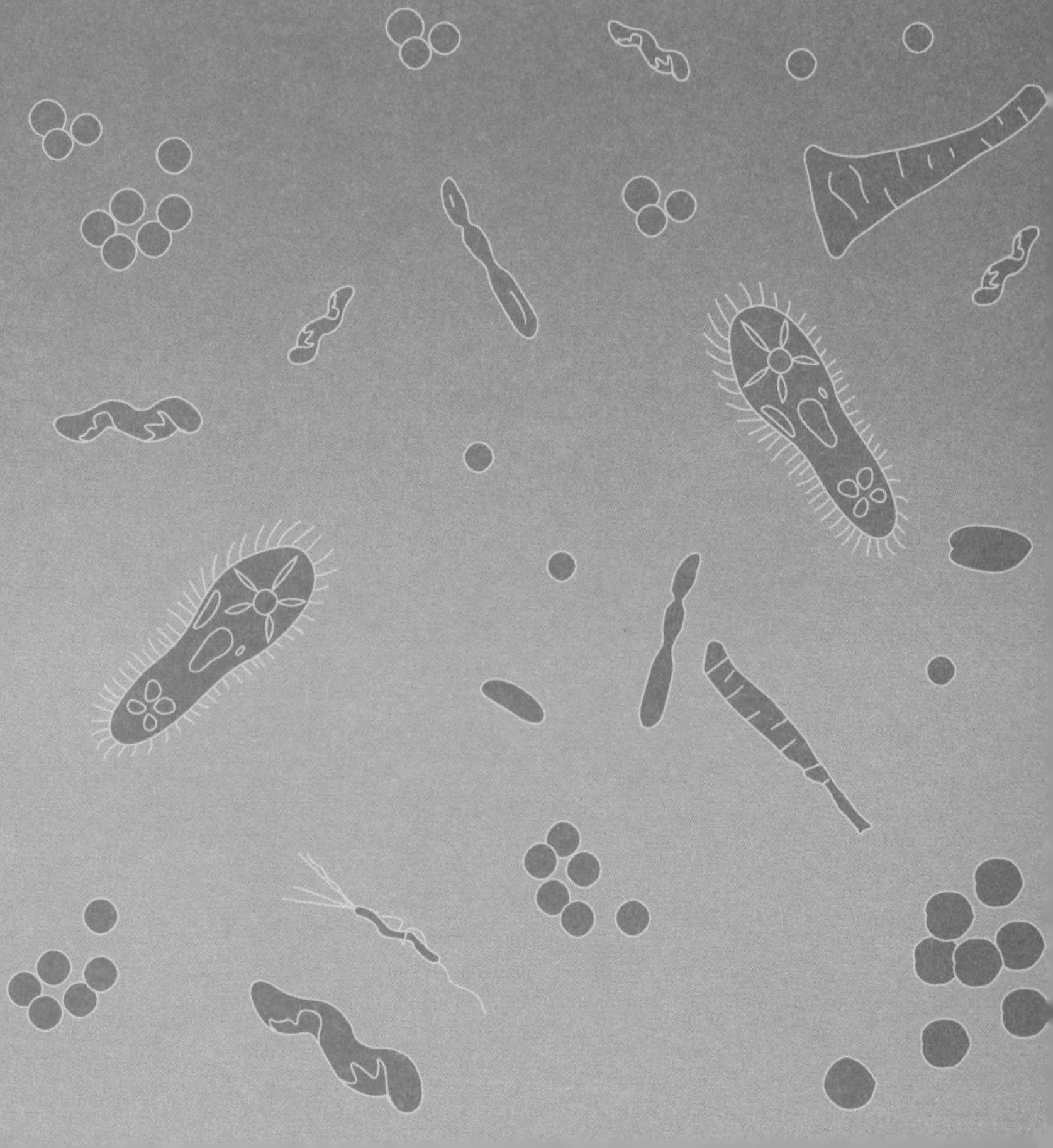

5-1

南極で未知の細菌に出会えるか

1970年代、2千メートルの厚さがある南極大陸の氷の下に、地熱によって凍結していない湖が存在することが発見されました。その後の調査で、同様の湖が次々に発見され、南極大陸には、これまで予想していた地域や数をはるかに超える地底湖が存在することが明らかになりました。南極大陸が氷に覆われたのは3千万年前。地底湖の水は、この時を最後に外部環境と接触していない可能性が高く、独自の進化を遂げた未知の細菌が存在していることが期待されています（図103）。

このように特殊な環境に封入された細菌を取り出す際に最も心配されるのは、試料の中に身近な細菌が紛れ込み、どれが特殊な環境の細菌なのかがわからなくなってしまうことです。それは、試料採取時に外気に触れてしまったり、全く別の研究で知らないうちに特殊な環境を破壊してしまうことなどによって起きます。

2004年に、宇宙で太陽風を採取して戻ってきたNASAの探査機「ジェネシス」が地表に向けて試料入りカプセルを放出したものの、パラシュートが開かなかったためキャッチに失敗し、地上に激突して大破するという報道がありました（写真104）。

● **期待されています**
未知の細菌の存在は期待されているが、3千万年前の生物がいるという期待ではないので注意が必要。

このような事故が起こると、中の試料が地球の大気や地面と触れ合ってしまい、太陽風と破損時に混入した物質を区別することは、非常に難しくなります。

南極の細菌も同様です。南極では地球の気候変動を探るためにボーリング調査が各地で行われていますが、各地底湖は水路でつながっているという報告もあり、これらの調査によって地底湖が外来生物で汚染されてしまう危険性があります。今はまだ安全な方法を検討している段階ですが、3千万年前から別の道を歩んだ微生物を既知の微生物と比較することによって、生物進化上に新しい発見があるかもしれません。また、新たな微生物の機能が発見される可能性も期待されています。

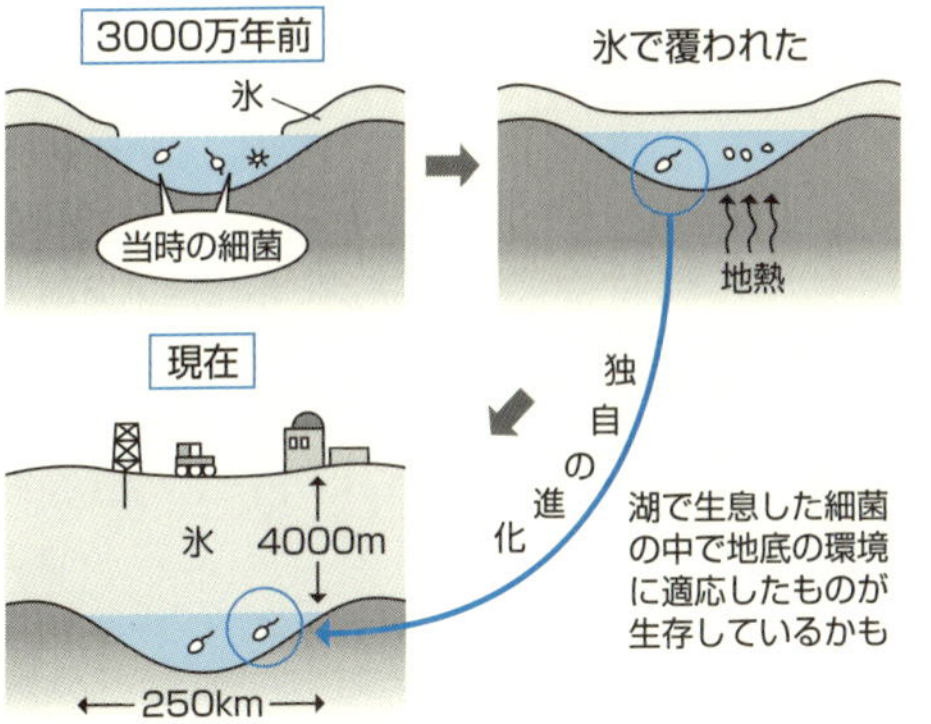

図103
南極地底湖形成と細菌
南極の地底湖には隔離された3千万年の間に独自進化を遂げた細菌が生息している可能性がある。

写真104
地表に激突したジェネシスのカプセル
（提供＝NASA）

5-2 注射しなくていいワクチン

ワクチンは、インフルエンザを始めとする感染症予防の手段として広く普及しています。しかし注射で投与しなければならないため、患者に苦痛を与えます。また医療関係者にとっても、急激な作用による医療事故や危険な医療廃棄物などが発生するため、注射での投与は頭の痛い問題です。そこで、よりワクチンを安全に使いやすくするために、飲むワクチンの研究が進められています。

ワクチンを飲んで効かせる意義は、患者や医療関係者の問題を解決するばかりではありません。注射によるワクチンは血液中で抗体を作るのに対し、飲むワクチンは、血液に加えて粘膜内でも抗体を作ってくれます。感染症となる微生物は粘膜から侵入するため、粘膜で抗体が発生すれば、速やかに病原体を排除することができるのです。

このように素晴らしい効果がある飲むワクチンですが、開発には解決すべき点が一つあります。それは、ワクチン自身が微生物そのもの、あるいは微生物に由来する物質なので、胃で分解されてしまう可能性が高いことです。分解を避けるためのアイディアとして、シャボン玉のような油性ボールの中にワクチンを入れる方法もあります

㊷『化学と生物』Vol.44, No.10, pp.652−, (2006)

が、注目されているのは乳酸菌を使った方法です。乳酸菌は日常的に食品として利用しているので、安全性に対する不安が抑えられます。

この方法は、サルモネラ、腸管出血性大腸菌O―157、HIV、インフルエンザ、SARSなどの感染症において、すでに研究が進んでいます（写真105）。サルモネラのワクチン遺伝子を乳酸菌ラクトバチルス・カゼイ（*Lactobacillus casei*）に組み込み、それが細胞表面に出てくるようにした処理した菌をマウスに飲ませたところ、ワクチンとしての十分な効果がある[42]ことが確かめられています。

ただ、乳酸菌利用には懸念もあります。それは、乳酸菌は人間の細胞に侵入しないため、細胞に侵入して効果を示す弱毒化病原体に比べると、効能が劣る可能性があるからです。今後は注射剤と同等の効果を発揮する飲むワクチンの研究に期待がかかります。

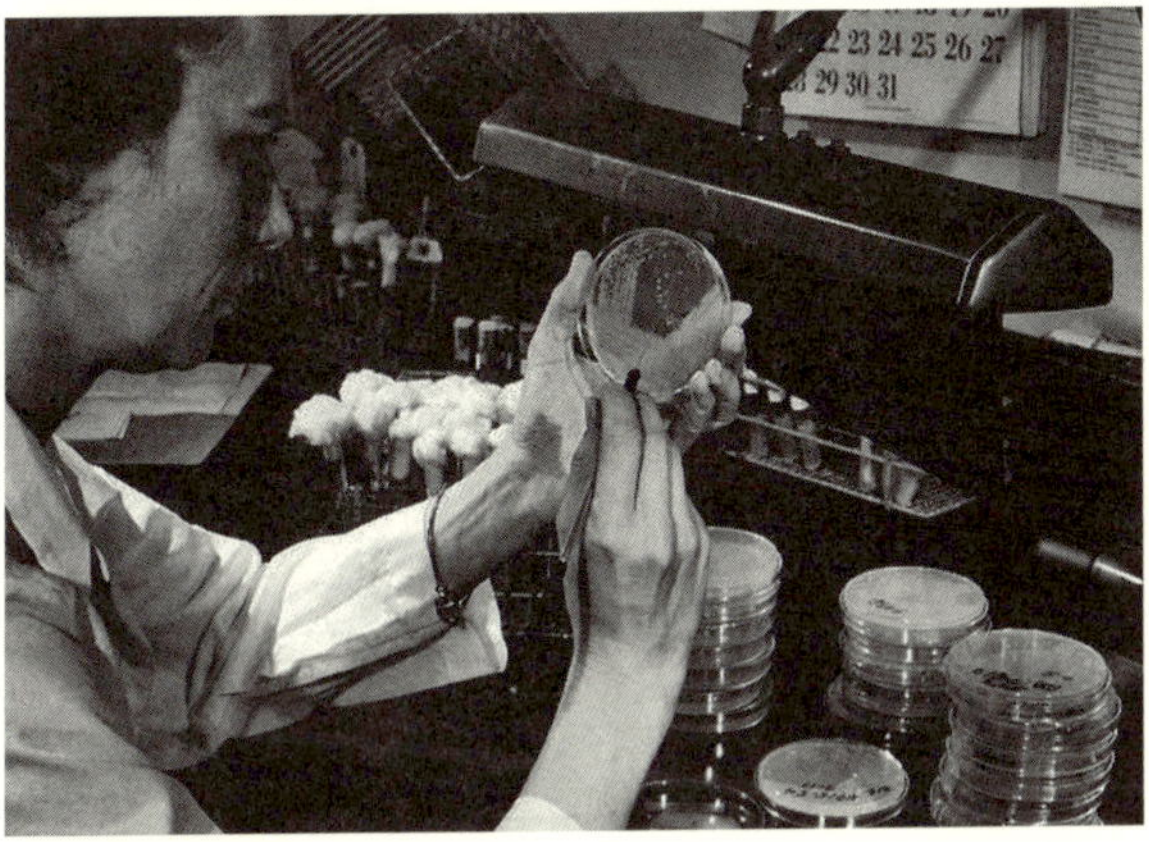

写真105
人の糞便からサルモネラ菌を単離している風景

古典的な培養法での実験風景。こうした昔からの方法も細菌学の発展には重要。
（提供＝CDC/Dr. Kokko）

5-3 細菌はガン撲滅の切り札か？

細菌を使ったガン治療の歴史は古く、100年以上前にリステリア・モノサイトジェネス（*Listeria monocytogenes*）、コリネバクテリウム・パーバム（*Corynebacterium parvum*）などの細菌を加工してガン患者に感染させたところ、ガン細胞が縮小したという報告があります。ただ、当時は生きた細胞をそのまま患者に感染させていたため、感染症で死亡することもありました。そのため、この治療法は危険とみなされ、詳細な研究は行われませんでした。

ところが近年、細菌によるガン抑制

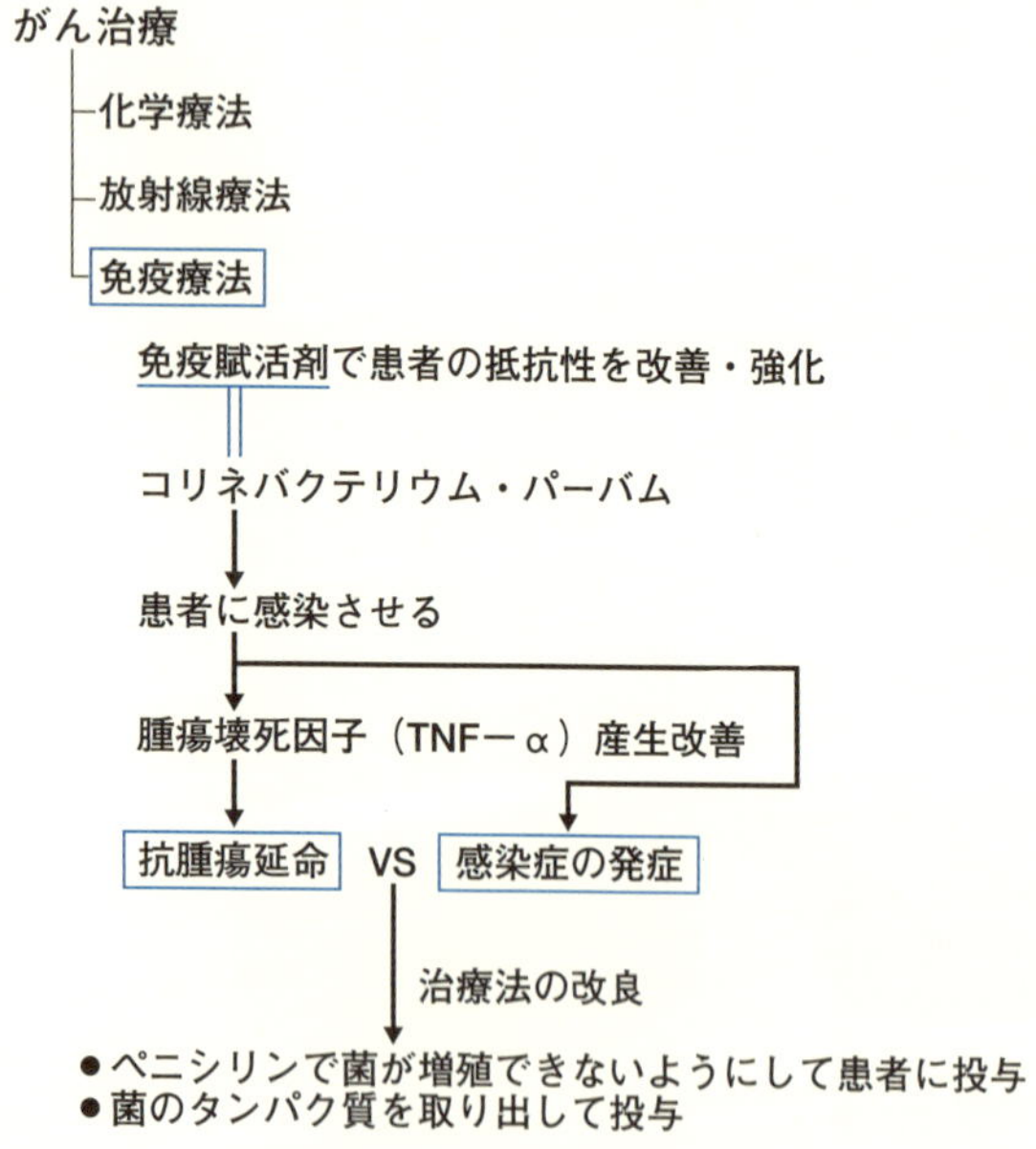

図106
細菌を使ったガン治療の歴史

細菌を使ったガン治療は免疫療法に含まれる。当初は細菌をそのまま感染させていたが、その後研究が進展し、細菌の酵素のみを使用したり、増殖能力を失わせた菌体などを用いて安全性を確保している。

法が見直され始めています。最近では、イリノイ大学の研究者らがシュードモナス・エルギノーサ（*Pseudomonas aeruginosa*）の作るアズリンというタンパク質が、ガン細胞に侵入してアポトーシス（細胞の自殺）を起こす作用があることを発見しました。アズリンはガン以外の細胞には侵入しないため、副作用の小さい優れたガン治療薬ができる可能性があります（図106）。

また、細菌をそのまま飲むのではなく、細菌の持つ酵素の活性を用いてガンを征圧する研究も行われています。この研究のキーポイントは、テロメアと呼ばれるものです。

ガンのテロメアを伸ばさせない細菌

テロメアとは、あらゆる生物の染色体末端にある構造のことで、染色体同士がくっついたり、形が崩れたりすることを防いでいます。テロメアの面白いところは、細胞が分裂する度に端から少しずつ切り取られていくことです。分裂の末にテロメアが全て使い果たされると、細胞はそれ以上増殖できなくなり、老化して死んでしまいます。テロメアは、細胞の寿命の長さを左右するため、命の回数券とも呼ばれています。

ところが、この命の回数券を無限に持つ例外的な細胞がいます。それがガン細胞です。ガン細胞は、テロメアを修復するテロメラーゼという酵素を持っているため、無限に分裂できるのです。そこで、テロメラーゼをブロックして、普通の細胞と同様に命の回数券を限定させる治療方法が考え出されました。

放線菌の仲間のストレプトマイセス・アヌラタス（*Streptomyces anulatus*）は、テロメスタチンというテロメラーゼ機能を停止させる物質を作ります。試験管内でガン細胞にテロメスタチンを作用させたところ、ガン細胞の老化が始まることが確認されました（図107）。

人体においては、ガン細胞以外のテロメラーゼは、生殖細胞など一部の細胞を除いて機能していないため、普通の細胞はあまり影響を受けることはないでしょう。よって、テロメラーゼをブロックするガン治療薬は、副作用が少なくなることが予想されます。今はまだ人間に服用できるほどの研究は行われていませんが、ガン細胞に対する効果が確認できたことから、有望な抗腫瘍剤[43]として期待できそうです。

[43]『化学と生物』
Vol.40, No.3, pp.142−, (2002)

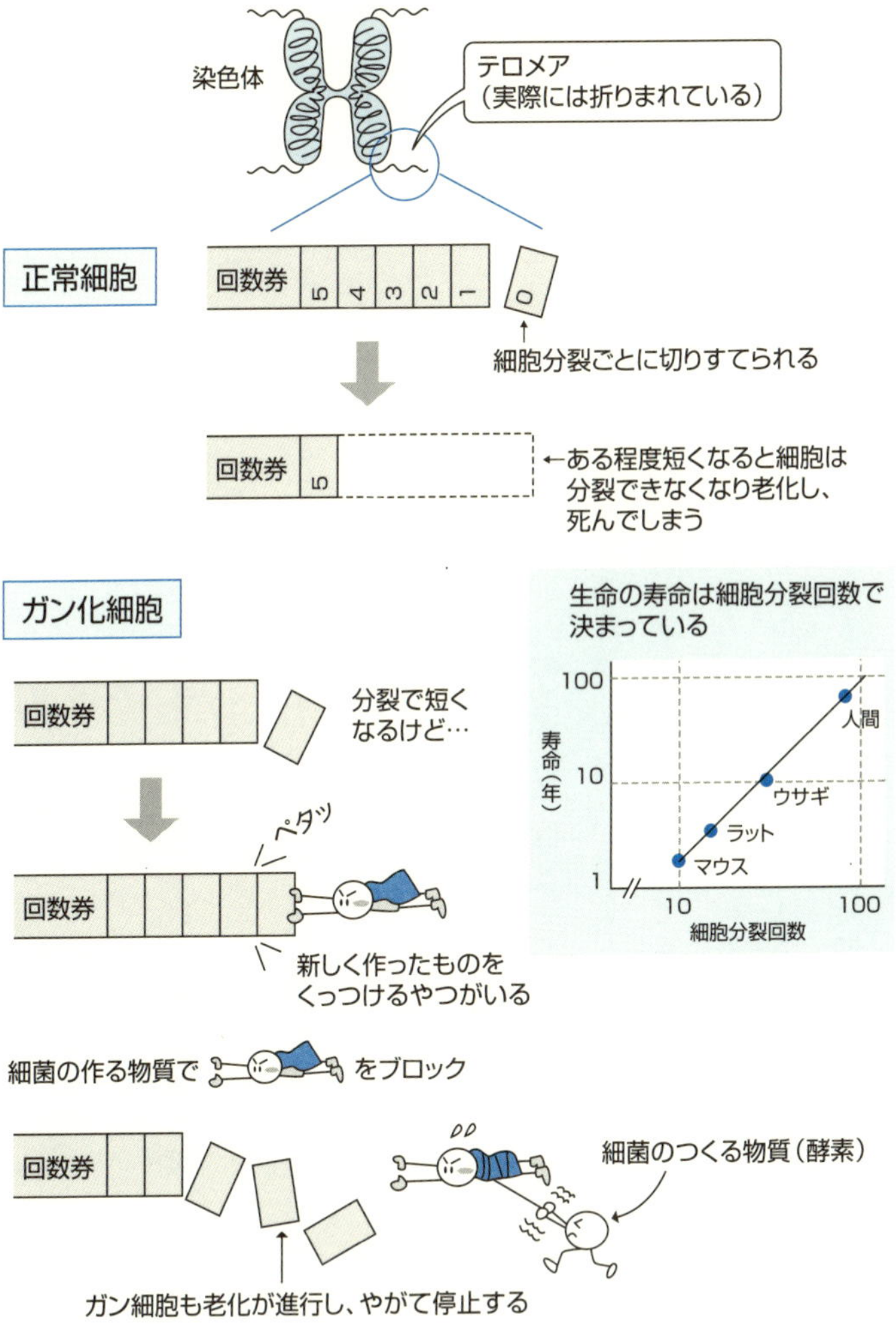

図107
テロメア

普通の細胞はテロメアがある程度短くなった時点で分裂を停止する。しかしガン細胞はテロメアを伸ばす作用が活発なため、いつまでたっても細胞分裂を停止しない。このテロメア延長作用を、細菌の酵素で妨害しようというのがガン治療の試み。

5-4

細菌を馬車馬のように使う方法

独立行政法人産業技術総合研究所は、バクテリアを馬車馬のように使うモーター[44]を世界で初めて開発しました。べん毛モーターを活用する試みはこれまでも行われていましたが、バクテリアそのものに労働をさせようとするのは、非常に珍しい研究です。

馬車馬として採用されたのは、マイコプラズマ・モービレ（*Mycoplasma mobile*）と呼ばれる細菌です。この菌は滑走細菌と呼ばれ、ガラスやプラスチック表面上を滑走運動するバクテリアの一種です。この菌は1ミリメートルを4分程度と、1秒間で自分の身長の数倍を進む速度で滑走します。この速度は、身長1・8メートルの人間に換算すると時速20キロメートル程度となるため、かなりの俊足と言えます。

この菌は滑走は得意ですが、障害物を乗り越えることはできず、自分の身長の半分程度の壁に囲まれた溝の中に入れてやると、そこから外へ出ることはできずに壁に沿って運動し続ける性質があります。壁が曲がっている場合は多くの場合壁のカーブに沿って進行方向を変えますが、壁が急角度で曲がっている時は曲がりきれずにそのまぶつかってしまうので、ちょっとお茶目です。研究者らはこのような性質を利用し

[44] "Proc. Natl. Acad. Sci.", Vol.103, No.37, p.13618–, (September 12, 2006)

て、細菌が一方向に回転運動する溝を設計しました。それが写真108です。

写真Aは、今回実験に用いた溝の全体像です。真ん中の広く四角いエリアにたくさんの細菌を入れます。この菌は壁のない所では直線的に進むため、菌はやがてどこかの壁に衝突します。すると、今度は壁に沿って移動を始め、隅へと集まっていきます。そして、四角いエリアの隅っこから伸びている数字の「9」のような溝に入り込んだ細菌は、細くてまっすぐな溝を奥に進み、やがて丸くループした所に入ってきます。写真Bで左から入ってくると、自然と細菌は時計回りに回ることになります。この細菌は鋭角には曲がること

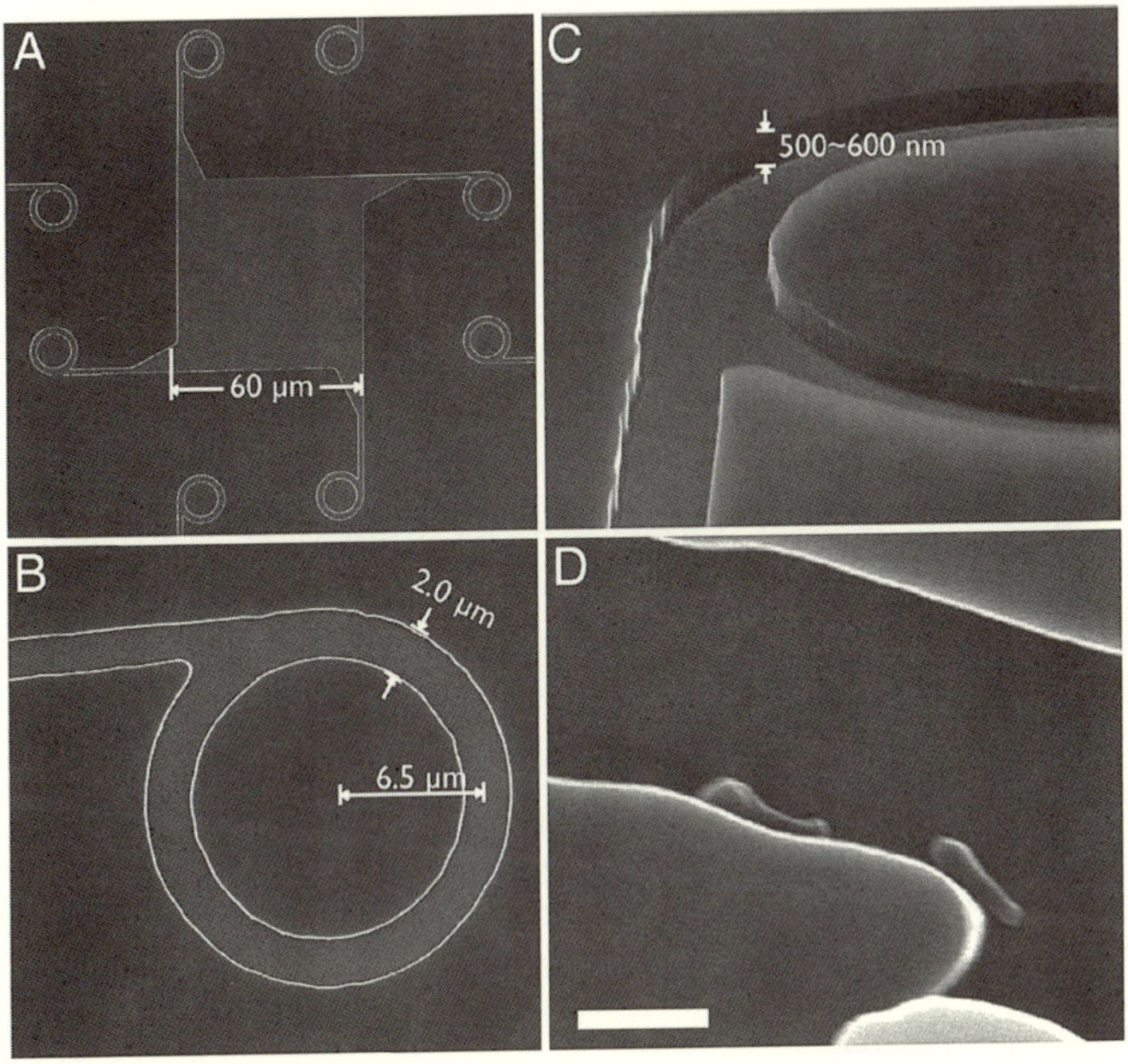

写真108
アリーナを移動するマイコプラズマ・モービレ
A=アリーナ全景。B=サークルの拡大図。C=サークルの立体図。D=滑走するマイコプラズマ（左下の白い直線は1 μm）。
（提供＝独立行政法人産業技術総合研究所）

ができないので、一度ループの中に入り込むと、そこで時計回りに回り続けることになります。写真Cは、溝の拡大写真です。床面に相当する部分は、細菌がつまずかないよう非常に滑らかで、細菌の足がかりとなるシアル酸が表面に結合してあります。壁の高さは細菌の身長の半分です。写真Dは、溝の中を壁に沿って滑走している細菌です。

こうした細菌の回転運動を動力に変換するために、写真109のような突起付きローターを、細菌が周回するループの溝に載せました。このローターは、ストレプトアビジンというタンパク質で表面が覆われています。一方、細菌の方にはストレプトアビジンと付着する性質を持つビオチンというタンパク質をくっつけておきます。ビオチンとストレプト

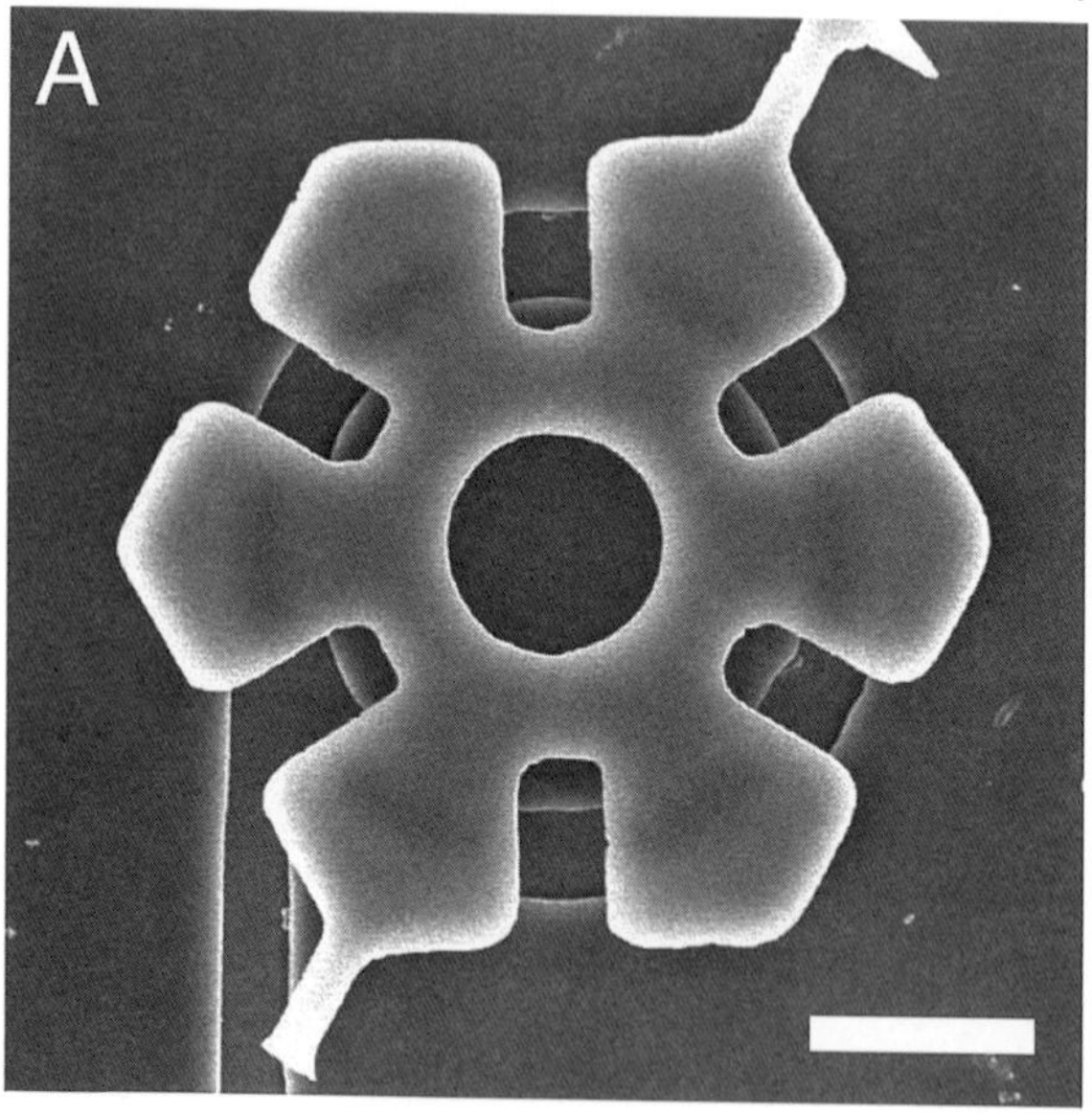

写真109
ローター

サークルにぴったり収まり、くるくる回る構造になっている。
〔産業技術総合研究所, "PNAS", Vol.103, No.37, pp.13618-13623, (2006) より〕

アビジンは強い親和性を持つため、ローターの突起と細菌はくっつきます。その状態で細菌がループを回ると、ローターは時計回りに毎分２回転程度で回り始めます（写真１１０）。

産業技術総合研究所では、ローターを回す細菌の映像をＷｅｂサイト㊺で公開しています。本人は何も知らずにくるくるとローターを回し続けるその姿は健気で、なかなかの人気です。

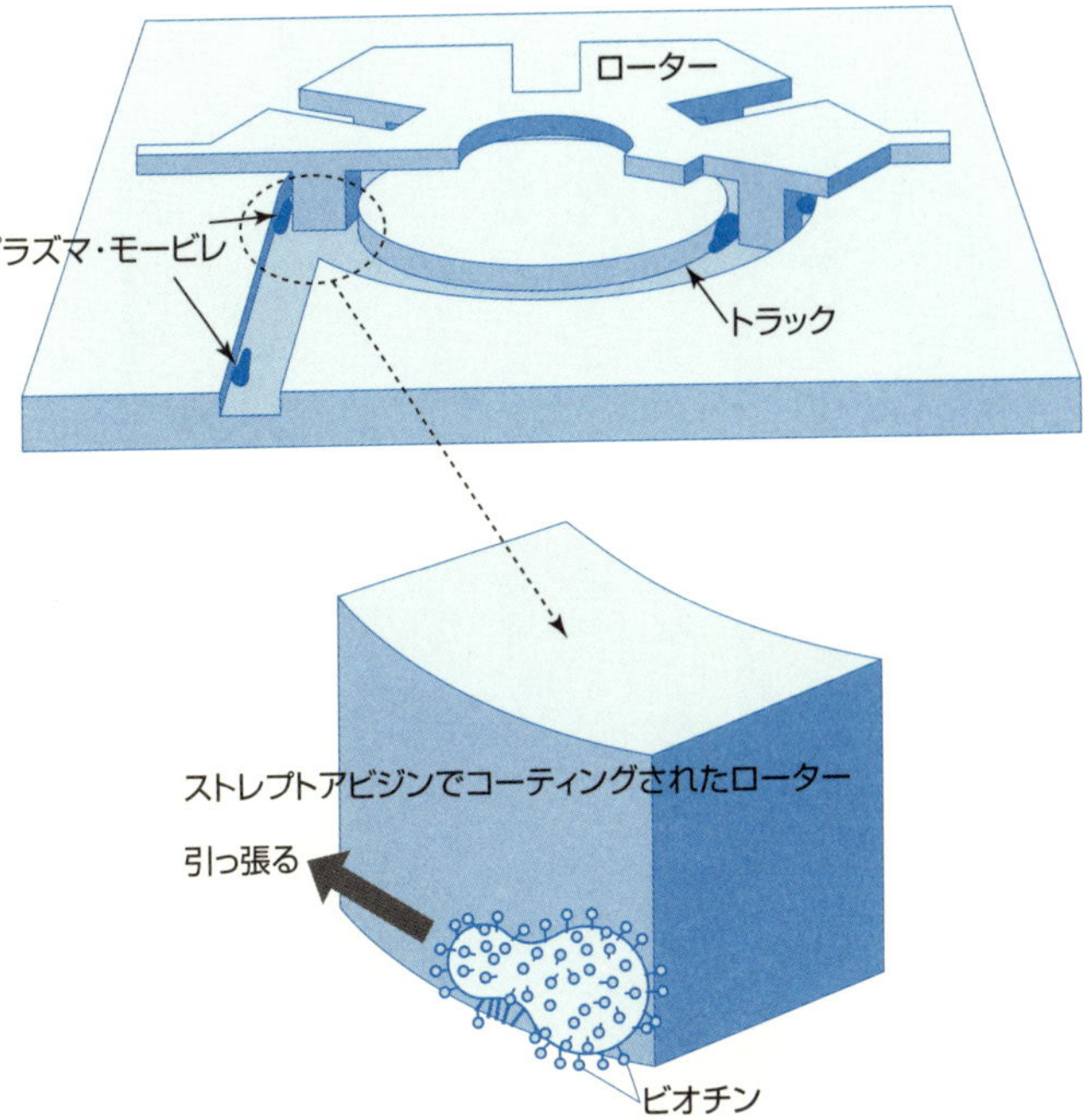

図110
ローター回転の仕組み
ビオチンで覆われたマイコプラズマはローターにくっつく。すると本人たちの意志とは関係なくサークル内のマイコプラズマは一致団結してローターを回転させることになる。
〔産業技術総合研究所，"PNAS"，Vol.103，No.37，pp.13618-13623，（2006）より〕

㊺ **産業技術総合研究所Webサイト（http://www.aist.go.jp/aist_j/new_research/nr20060911/nr20060911_02.asx）**

5-5

細菌も意外と社会的

人間には、巨大な社会を構成して生活するという特徴があります。この特徴は人間だけのものではなく、アリやミツバチなど、人間以外にも社会的な生物はたくさんいます。実は、細菌も社会を構成して暮らしているフシがあるのです。

細菌の研究は、自然界から細菌を採集してきて実験室で培養することによって進展してきました。そのため、私たちが知っている細菌の性質の多くは試験管の中だけの、いわばよそ行きの姿で、自然界で細菌がどのように生活しているかということについては、意外と知られていませんでした。細菌は空気中を漂っている、あるいは水の流れに身を任せているだけという、大した意志もなく環境に流されて生きているような感じのイメージが先行していましたが、実は意外と社会的な生活をしているらしいことがわかってきました。それは、他の生物同様に自分たちの種族を守るため、自分たちの生活を脅かす敵に共同で立ち向かうために身につけた能力であるといえます。

気体中あるいは液体中を浮遊している細菌が固体に接触すると、細菌は、その固体が自分の生息に有利なものかどうか、先に付着している細菌がいるかどうか、いるならそれはどのような細菌なのか、などを相互作用によって認識します。固体表面で自身が増殖可能と判断されると、ある場合には先にいた菌と共存して増殖してコロニーを形成し、ある場合には先にいた菌を追い払って自分の仲間だけでコロニーを形成します（写真111）。もちろん追い払うのに失敗して子孫を残せない菌もいます。

コロニーは肉眼でも見えるほどの大きさになることが多いのですが、これは細菌の細胞が凝集したものではなく、バイオフィルムと呼ばれる細菌が分泌する粘性物質の中に大量の細菌細胞が包み込まれたものです。バイオフィルムの形成は腸内細菌においても観察され、良好な腸内細菌群はバイオフィルムを腸の粘膜上で形成し、感染症

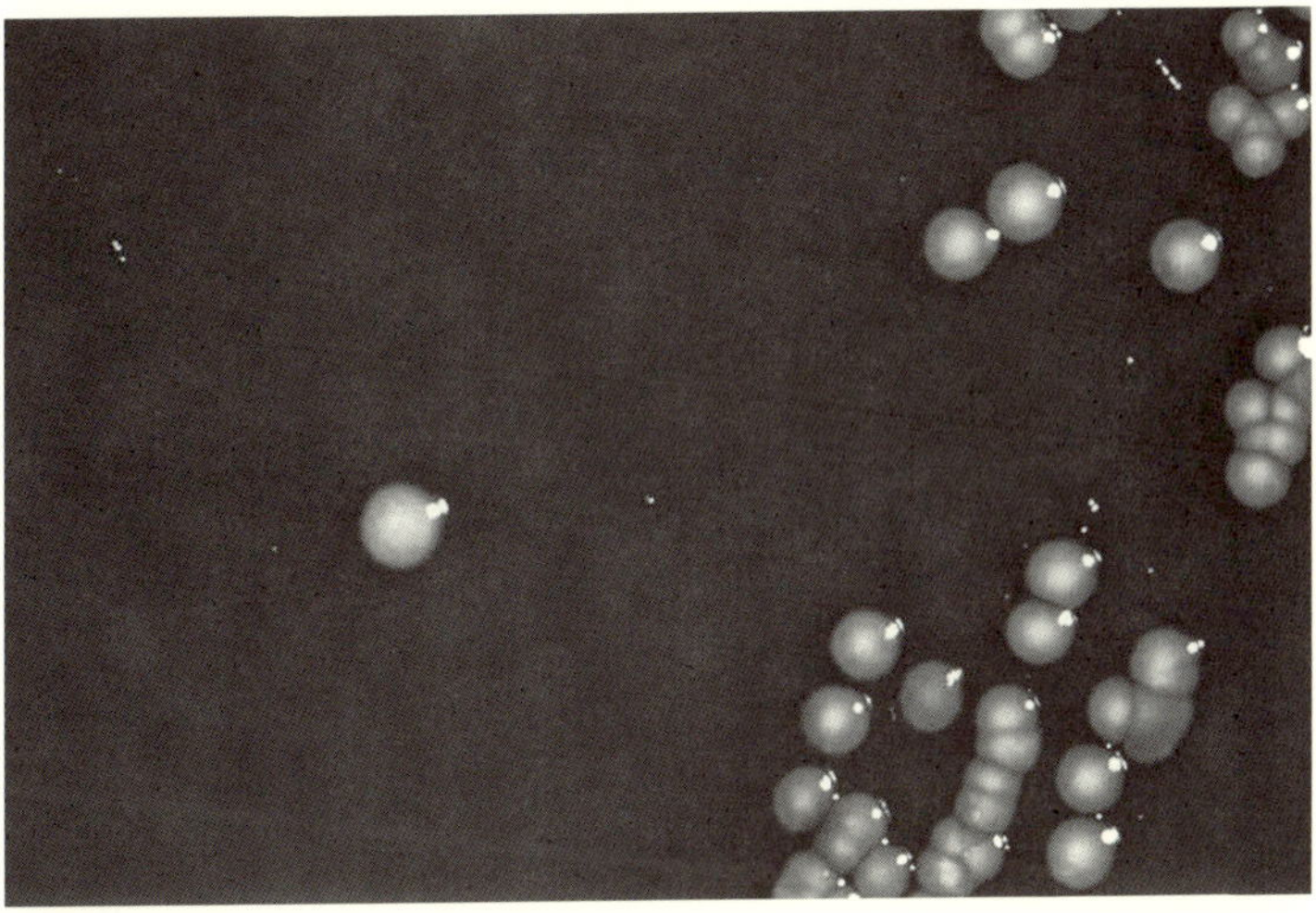

写真111
細菌のコロニー
（提供＝CDC）

に対する抵抗作用を生み出しています。さらにバイオフィルムは単なる粘性物質の塊ではなく、バイオフィルムの奥で生活している菌にも栄養分などが行き渡るよう、水路ともいえる通路を確保した立体的な構造をしています（図112）。

この構造によって、後から誕生した細菌も集団で生活にふさわしい環境に留まることができます。緑膿菌シュードモナス・エルギノーサ（*Pseudomonas aeruginosa*）などのように、バイオフィルムを形成することで抗生物質に対する抵抗力を増している菌もいます。単体で生活するよりも乾燥から身を守るために有利だろうし、有機酸や糖、タンパク質から成るバイオフィルムは、納豆菌のネバネバのように栄養分の貯蔵庫の役目を担っているかもしれません。また、ある種のバイオフィルムの中では、別の菌同士が仲良く生活していることも見られ、私たち人間がお互いに助け合うために家族やムラを形成している状態とよく似ていると言えます。

しかし、人間の人口が増え過ぎると多くの弊害が出るのと同様に、細菌の社会も増え過ぎると栄養分の枯渇などの不都合が生じてきます。その場合、そこで生活していた細菌はバイオフィルムを徐々に分解してべん毛を伸ばし、それぞれ新しい安住の地を探す旅に出て行きます。

図112
バイオフィルム
（A）バイオフィルムの構造
（B）ストレプトコッカス・ミュータンスJC2株のバイオフィルム形成前コロニー
（C）Bのバイオフィルム形成後コロニー
バイオフィルムは、ジャングルジムのような隙間のある立体的な構造をしていて、この隙間を水や養分、菌体などが移動することができる。Bは粘性物質（グルカン）の生成量が少ない状態の初期コロニーで、菌体一つひとつを確認することができる。Cでは粘性物質で完全覆われ、各菌体も外からは確認しづらくなる。

〔提供＝赤坂司（北海道大学歯学部生体理工学教室）〕

5-6 実現しつつあるオーダーメイドバクテリア

これまで紹介したように、細菌は人を助ける様々な能力を持っています。こうした細菌たちに、遺伝子組み換えや突然変異によってその能力を向上させたり、新しい能力を付与したりすることも、比較的容易に行うことができる時代になりつつあります。遺伝子組み換えといえばバイオの最先端領域のすごい研究のような響きですが、実は細菌の遺伝子を操作することによってより役立つ細菌を作り出すという研究は、非常に地味で根気の必要な作業です。

遺伝子組み換えによる品種改良法の欠点の一つは、ある一つの遺伝子組み換えを別の遺伝子組み換えに応用することが難しいことです。例えば、緑色に光る大腸菌ができたとします。次に欲しいのが青く光る大腸菌だった場合、緑色に光る大腸菌を作り出した経験や実験ノートの記録を、どのように活かすことができるでしょう？　実は、基本的な実験手法などの他は活かせる部分はほとんどなく、ゼロからやり直すのと変わらない苦労で、青く光る大腸菌作りを始めなければなりません。電球のように緑のスイッチを青に切り替えてハイできあがり……とはいかないのです。

細菌の規格統一

そこで考えられたのが、細菌の規格化です。鉄道模型を例にあげると、電圧やレール幅、連結器などの規格がそろっていれば、車輌を自分の好きなように選んで、現実にはない編成を作っても走行できます。微生物も、規格のそろったパーツを取り揃えて組み合わすことができれば、もっと簡単に新しい微生物を生み出せるはずです。こんな仰天発想から誕生したのが、合成生物学という研究領域です。

合成生物学者は、細菌に実現させたい様々な機能を遺伝子のパーツとしてラインナップし、それを簡単なアルゴリズムによって組み合わせることで、多彩な能力を細菌に発揮させようとしています。一見すると先に紹介したプラスミドに遺伝子を乗せて大腸菌に押し込む研究と似ているように思えますが、合成生物学者が目指しているのは、オーディオ機器がメーカーの枠を越えて接続して使用できるような、そんな自由度の高い仕組みです。

この仕組みをいち早く作り出したのは、マサチューセッツ工科大学（ＭＩＴ）のトム・ナイトらです。バイオブリックと名付けられたこの仕組みは、様々な機能を付加された遺伝子のパーツを多数ラインナップし、バイオブリックの両端の規格をBio Brick

Formatとして統一することで、自由に結合できるようになっています。さらに、バイオブリック間の情報伝達の規格も統一されています。この規格によって、電子ブロック（写真113）を組み立てるようにパーツを接続さえすれば、その機能が実現されるようになったのです（図114）。このように、遺伝子パーツを連結する仕組みや、複数の遺伝子を連携させて希望通りの機能を発揮させる、プログラミング言語にも似たアルゴリズムも開発されているのが、バイオブリック研究の特徴です。工学的な研究領域では、ユニット同士の接続やそれらの間の通信システムに互換性を持たせるのは普通のことですが、そのような概念を遺伝子の世界に持ち込んだのは、非常に斬新なアイディアでした。

斬新な点は、他にもあります。これまでの遺伝子組み換え研究では、それに携わる研究者は、遺伝子変異の方法論や得られた遺伝子の解析など、多くの知識と手法を身につけておく必要がありました。しかし、バイオブリックでは、求める機能の遺伝子を一度設計してしまえば、それはメーカーから商品として供給されます。そのため、遺伝子そのものに対する深い知識がなくても、必要な機能のブリックを組み合わせることによって、目的の遺伝子を作り出すことができるのです。バイオブリックは世界中の研究者によって補充され、MITによってデータベース化[46]されています（図115）。

[46]Registry of Standard Biological Parts (http://parts.mit.edu/registry/index.php/Main_Page)

バイオブリックの落とし穴

なんだか万能で夢のようなバイオブリックですが、問題点がいくつかあります。その一つは、バイオブリックとして組み込まれた遺伝子の寿命が非常に短いことです。これは、バイオブリックが菌にとって外来の異物であるため、元々細菌が持つ異物排除機構のターゲットになってしまうことが原因です。多くの場合、数時間単位で遺伝子が壊れていき、使い物にならなくなるのです。最近この欠点を解決するために、細菌の異物認識機能を巧みに回避する構造改変などの研究が行われつつあります。

また、安全性にも疑問が残ります。例

写真113
電子ブロック
（撮影＝Malcolm Tyrrell）

えば、圃場などでバイオブリック組込菌を使用した際、どのようなトラブルが発生するかよくわからないのです。特に恐ろしいのは、バイオブリックの悪用です。日に日に増え続けるバイオブリックを利用すれば、有害な細菌を作ることが不可能であるとは言い切れません。

悪意を持ってバイオブリックを使用すれば、思いもしない生物兵器が誕生してしまう可能性もあるのです。この問題点を解決するには、バイオブリックの設計段階から有害な細菌が構築できないような工夫が必要かもしれません。

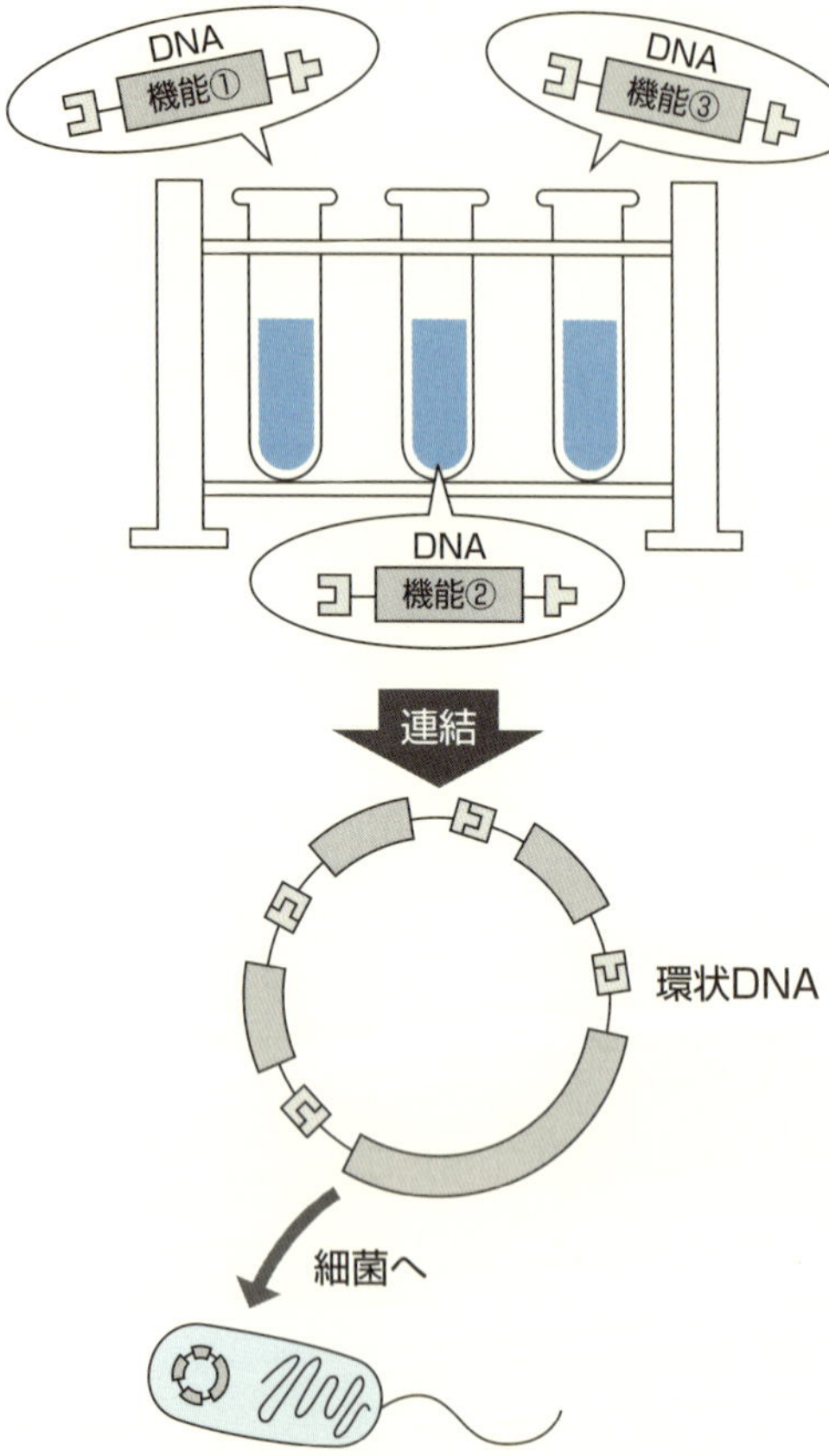

図114
バイオブリックのイメージ

これまでにない技術が開発される時、危険を回避する方法を考えることは、これからの科学者にとって新技術を考え出すこと同様に重要な責務になってくるでしょう。

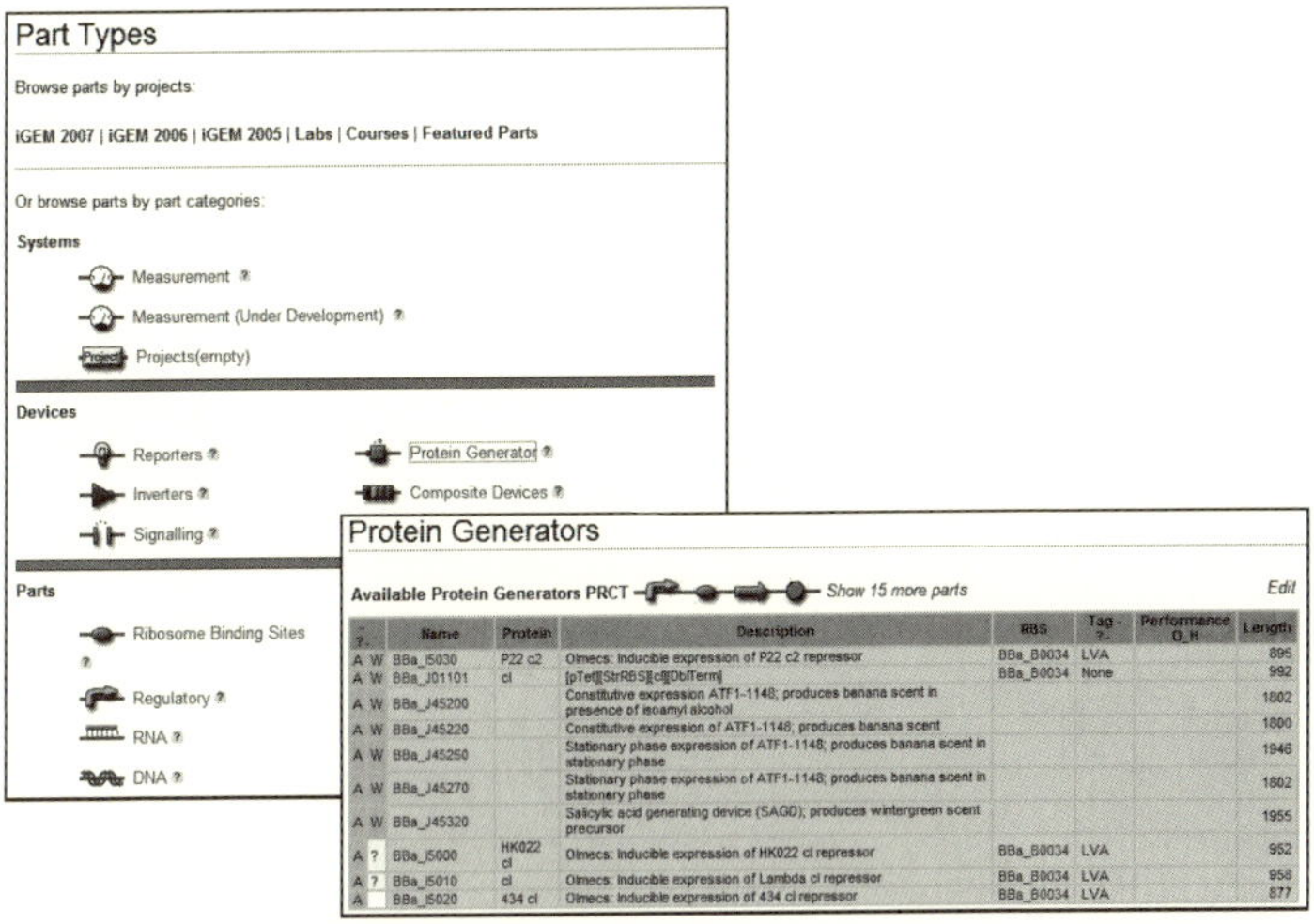

図115
バイオブリックのデータベース

MITのWebサイトではバイオブリックが機能ごとに分類され、ハイパーリンクでさらに具体的なパーツを選ぶことができるようになっている。このデータベースは世界中の研究者の研究成果が反映され充実し続けている。
〔Registry of Standard Biological Parts (http://parts.mit.edu/registry/index.php/Main_Page)より〕

5-7 生物の概念の拡張—ナノバクテリア

細菌の大きさといえば、ミリメートルの1千分の1のマイクロメートルが相場です。ところが、それらよりさらに数十分の1小さい、数十から数百ナノメートルの大きさの細菌が存在する可能性が出てきました。

ナノバクテリアと名付けられたこの極小細菌（写真116）は、動物の細胞を使った実験をしていた研究者によって、死んだ細胞の中で増殖する非常に小さな微粒子として、1998年に初めて報告㊼されました。

この発見は、多くの研究者によって追試が行われました。そして2年後には、発見者らの意に反して、その微粒子は生物ではないという論文㊽が発表されました。理由は、①死なない、②小さすぎて生命を維持するために必要な部品が入りそうにない、というのが主な内容でした。

1998年の発見が生物か粒子かという議論は、その後も盛んに行われました。その結果、2004年にアメリカのメイヨークリニック（写真117）の研究チームが、ナノバクテリアに細胞のような構造があることを確認し、遺伝に関与しているRNA

㊼"Proc. Natl. Acad. Sci.", Vol.95, p.8274, (1998)

㊽"Proc. Natl. Acad Sci.", Vol.97, p.11511, (2000)

●追試
画期的な論文が発表されると、類似の研究を行っている研究者は論文に書かれている通りに真似た実験を行い、その発表内容の正確さを確認したり、最新の技術を自分も習得したりする。また、その論文の不備な点がある場合は、指摘する論文を発表したりすることも多々ある。

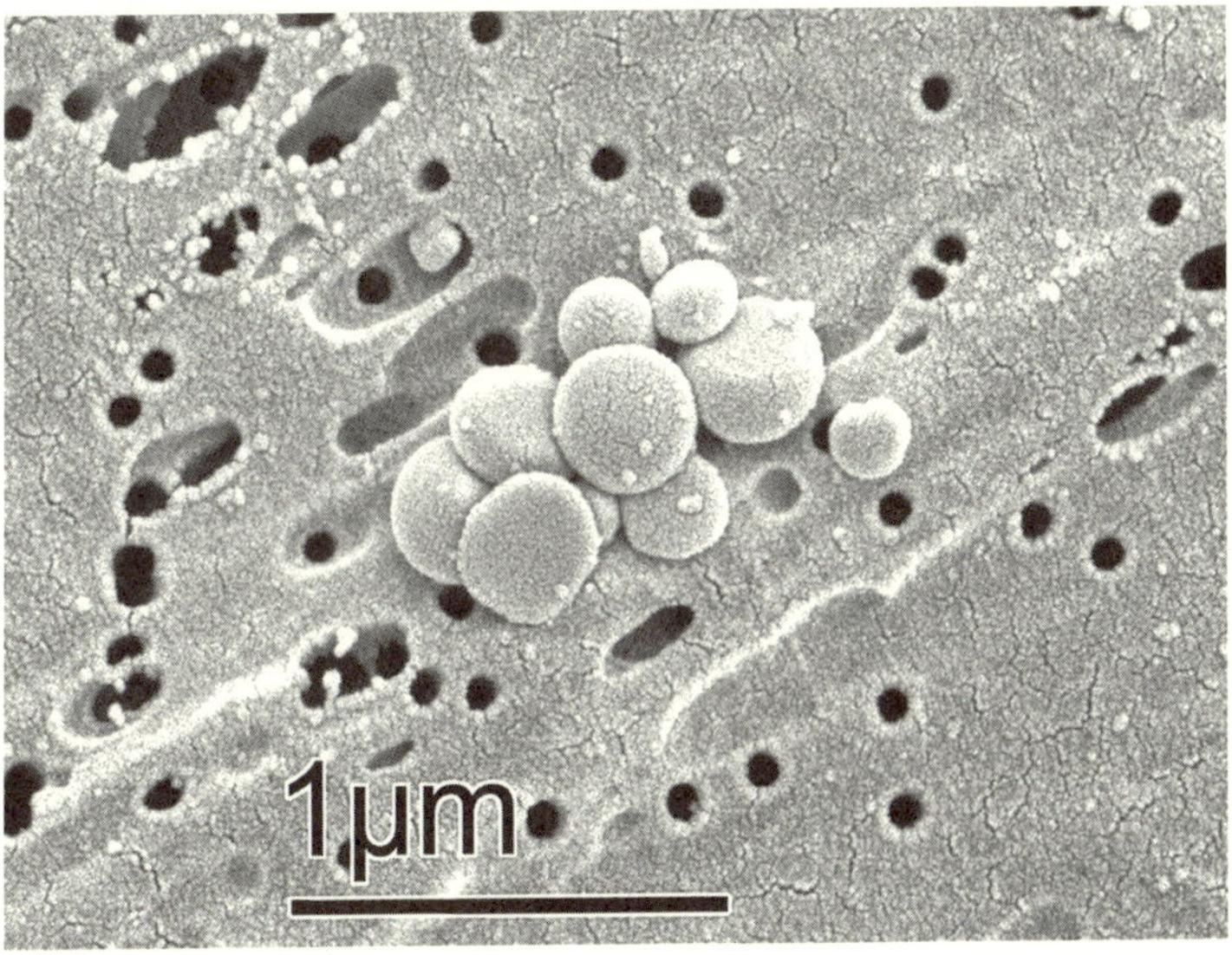

写真116
ナノバクテリア

（提供＝メイヨークリニック）

写真117
メイヨークリニック（Mayo Clinic）

アメリカ・ミネソタ州にある世界有数の私立総合病院。高度先進医療に定評があり、その技術を求めて受診する患者は全世界に及ぶ。

を作っている可能性があるデータを示すと共に、増殖の様子を写真撮影[49]することに成功しました。この発表をきっかけに、世界中の研究者から次々に分離培養に成功したという報告がなされ、全体の流れとして微粒子は生物であろうという方向に進みつつあります。

このナノバクテリアは人にも感染するようで、心臓、卵巣ガン、動脈瘤など、人間の疾患組織からの分離が次々に行われました。2005年になると、尿路結石由来の慢性骨盤痛を持つ患者に対し、原因がナノバクテリアであると仮定した治療を施したところ、症状が改善したことが報告されました。2006年には、日本製の超高分解能顕微鏡によって、ナノバクテリアがカルシウムの石灰化を行っている様子も撮影されました。

これらはいずれも医学上の重要な発見ではありますが、ナノバクテリアが生物なのか粒子なのかという問題を結論づけるには、データがまだ不十分です。この議論は微生物学における過去最大の論争であると言われることもあり、現時点では多くの微生物学者は異端になってしまう可能性を恐れ、論争を遠巻きに見ている状態です。

[49]"Am. J. Physiol. Heart Circ. Physiol.", 287, 3, pp.H1115−24

1676年、オランダの博物学者レーウェン・フックが顕微鏡を発明し、微生物というものの存在が知られるようになって300年が経過しました。21世紀の今、私たちは高性能な電子顕微鏡を得て、観察領域は「ミクロ」の世界から「ナノ」の世界へと突入しています。ナノバクテリアの発見によって、これまで私たちが知ることのなかった広大な生物界の端っこが、少しだけ見えてきたのかもしれません。私たちは再び原点に戻って、未知なる地球の不思議な生物を追い求める時代へ、再び突入する時が来たようです。

微生物の世界には、研究すべき課題が無限にあります。研究すればするほど新しい謎が誕生し、その謎を解決すると、微生物はご褒美のように人を助けてくれます。人を助ける微生物、それはいつも私たちのそばにいて、時々悪さをするヤツもいるけれど、よいヤツもとっても多い。そんな存在なのです。留まるところを知らない細菌学の進展は、この先私たちにどんな豊かな暮らしを提供してくれるのでしょうか。

謝　辞

本書を出版するに際し、多くの企業、研究者の方々から貴重なデータや写真をご提供頂き、心より御礼申し上げます。細菌に関する一冊の本をまとめることができたのは、恩師である山口大学応用微生物学講座飴山先生（故人)、足立先生、松下先生、品川先生の、厳しく、時には更にキビしくご指導頂いたおかげと、感謝しております。また、私の拙い原稿を根気よく編集してくださった大倉誠二さんをはじめ、技術評論社のスタッフの皆様、また、見て楽しい本にして下さったデザイナー、イラストレーターの皆様に深く感謝致します。

■参考文献

青木皐著『よくわかる菌のはなし』同文舘出版

飴山實・小幡斉著『生活とバイオ』関西大学出版部

今中忠行著『微生物と共生しよう』化学同人

大亦正次郎ら著『応用微生物学』培風館

小泉武夫著『発酵』中公新書

小泉武夫著『発酵は錬金術である』新潮選書

小泉武夫著『不味い！』新潮文庫

藤井建夫著『魚の発酵食品』成山堂書店

本多淳裕著『環境バイオ学入門』技報堂出版

日本農芸化学会編『人に役立つ微生物のはなし』学会出版センター

日本微生物生態学会編著『微生物生態学入門』日科技連

日本微生物生態学会編著『微生物ってなに？』日科技連

山田秀明編『酵素の新機能開発』講談社サンエンティフィク

山本真紀著『共生に学ぶ』裳華房

渡辺仁著『微生物で害虫を防ぐ』裳華房

Andrew H. Knoll著／斉藤隆央訳『生命最初の30億年』紀伊國屋書店

Lynn Margulis著／中村桂子訳『共生生命体の30億年』草思社

細菌名索引

項目索引

■執筆者略歴

中西　貴之（なかにし・たかゆき）

1965年、山口県下関市生まれ。山口大学大学院応用微生物学修了。現在、総合化学メーカー宇部興産株式会社研究開発本部で鋭意創薬研究中。趣味は中学時代に始めた写真。最近は腕が鈍って困っている。地元下関市の伝統芸能「平家踊り」では音頭取りを務める異色の研究者。著書に『最新科学おもしろ雑学帖』（技術評論社）。日本質量分析学会、日本科学技術ジャーナリスト会議会員。

知りたい!サイエンス

人を助ける　へんな細菌　すごい細菌

平成19年10月25日　初版　第1刷発行

著者　中西貴之
発行者　片岡　巖
発行所　株式会社技術評論社
東京都新宿区市谷左内町21-13
電話　03-3513-6150　販売促進部
03-3513-6160　書籍編集部
印刷／製本　日経印刷株式会社

定価はカバーに表示してあります。

ISBN978-4-7741-3220-4 C3047
Printed in Japan

●装丁
中村友和（ROVARIS）
●制作
株式会社マッドハウス
●イラスト
竹村真由子（サンレオール）